真希望你像我一样只取悦自己

Angie（张丹茹） 陈晶晶 思 林 主编

华中科技大学出版社
http://press.hust.edu.cn
中国·武汉

图书在版编目（CIP）数据

真希望你像我一样只取悦自己/Angie，陈晶晶，思林主编. —武汉：华中科技大学出版社，2024.1
ISBN 978-7-5772-0317-1

Ⅰ.①真… Ⅱ.①A… ②陈… ③思… Ⅲ.①人生哲学-通俗读物 Ⅳ.①B821-49

中国国家版本馆CIP数据核字(2023)第235884号

真希望你像我一样只取悦自己　　　　　　　　Angie（张丹茹）　陈晶晶　思　林　主编
Zhen Xiwang Ni Xiang Wo Yiyang Zhi Quyue Ziji

策划编辑：沈　柳
责任编辑：沈　柳
封面设计：琥珀视觉
责任校对：王亚钦
责任监印：朱　玢
出版发行：华中科技大学出版社（中国·武汉）　　电话：(027)81321913
　　　　　武汉市东湖新技术开发区华工科技园　　邮编：430223
录　　排：武汉蓝色匠心图文设计有限公司
印　　刷：湖北新华印务有限公司
开　　本：880mm×1230mm　1/32
印　　张：8.5
字　　数：168千字
版　　次：2024年1月第1版第1次印刷
定　　价：55.00元

本书若有印装质量问题，请向出版社营销中心调换
全国免费服务热线：400-6679-118　竭诚为您服务
版权所有　侵权必究

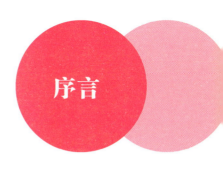

序言

带着我的学生一起出一本合集,是我一直以来的梦想,尤其是在我一次次和私董官聊天时,发现几乎每一位我的伙伴都有出书的梦想,这更加坚定了我要做这件事情的决心。

我们决心要做一件事情,最好的方法不是去找做这件事情的方法,而是激发做这件事情的动机。我在我的个人新商业课程里面反复提到,当一个人有了人生动机之后,成功概率会大幅度提升。

我们发自内心地想做好一件事情,你就会不怕困难,并且积极地寻找方法,即使遇到挫折,也会继续寻找可以克服困难的方法和新的出路。

你看到这本书,意味着带领我的伙伴们成为作家的梦想成真了,我希望你能暂时停下阅读这本书的步伐,在这本书的空白处写下自己今年或者此生一定要实现的三个梦想,然后拍下来,分享到朋友圈。

写完了吗？邀请你继续来听我们的故事。如果你有我们这本书里任何一位作者的微信，请你在接下来的时间里务必要关注其朋友圈，也可以来添加我的微信。为什么一定要关注呢？因为我会联合我的作家们一起办线下签售会，你会一次性见到我们这一群做着自己热爱的事业，并且拥有梦想的闪闪发亮的人。

接下来，我想和你分享我的写书故事。

有一天，我在公众号后台收到了一条留言："我是出版社的编辑，我想联系您出一本书。"

看到这条留言的时候，我的第一反应是懵的，我告诉自己要抓住这一次机会。

第一本书上市之后，我获得了"当当网年度十大新锐作家"的殊荣。

然后出了畅销全网的《副业赚钱》这本书，数十万人读过这本书。

紧接着，我又收到了中国顶尖出版社——中信出版社的邀请，写完了第三本书。

我的第四本书的编辑是在浏览知乎的时候发现我的，于是邀请我写了一本女性成长书《向前》，鼓励每一位女性向前一步，去拥抱自己人生的更多可能性。

我的第五本书《高效变现》和第六本书《个人新商业》，都是聚焦于带领中国新青年去开拓人生的新事业，许许多多的优秀青年跟着我们，拥有了开拓事业的更多可能性。

2023年3月，我写完了自己的第七本书，写书的过程既疗愈了自己，也让阅读过我的书的读者开阔了视野、获得了力量，用新商业改变自己的人生轨迹。

去认真生活和深度思考，去为自己和这个世界持续发声，每个人都要有一部作品。

著书立说，这是助人达己最好的方式。

看到这里，你可能会觉得，这也太精彩了吧，但这仅仅是我人生精彩片段的1%。

这本书的其他作者都是我的学生，他们来自不同的行业，年龄从二十多岁到五十多岁不等。他们都在做着自己热爱的事业，并且无条件地取悦自己和爱自己，他们的故事可以给你带来无尽的力量和爱。

看到这里，你可能会心生疑问，是不是他们本来就很优秀，所以才会融入我们的圈子里，答案既是，又不是。

每个人都本自具足，当你对此深信不疑，并且坚定不移地去探索自己的人生时，一定会拥有无与伦比的美妙人生。

在这充满不确定性的世界里，几乎所有人都经历过被否定和自我否定，于是有人不相信自己和否定自己，原本发光的人生开始暗淡无光。书中的作者也是如此，经历过抑郁症、有过被骗的经历，有在深夜里痛哭的人生经历，是人生的常态。

这些作者都没有放弃，这有限的人生值得他们用心用力地去体验、去拥抱。

> 真希望你像我一样只取悦自己

　　如果你也是一位原本就很优秀的朋友，我希望你看完这本书后，可以大胆地绽放自己。

　　如果你的过往人生经历很普通，我鼓励你像我和我的伙伴们一样，去大胆创造自己人生的可能性。

　　如果你正在经历人生的低谷期，我们一个又一个的故事，会让你更快地度过这个周期。当你在人生低谷时，踏出去的任何一步都是在往上走。

　　我立志要终身做教育，让每一位靠近我和进入到我们圈子里的人，都一定会被看见、被肯定、被爱和能量包围。

　　最后，我要谢谢我的成为畅销书作家班里每一位勇于挑战自己的作者，其中特别要感谢我的 2 位编辑和本书的 22 位作者。

Angie（张丹茹）

2023 年 12 月 1 日

目录

第一章　凤凰涅槃

从职场妈妈到畅销书作者,她用阅读点亮无限可能　／陈晶晶／2

从社恐到千人团队长,从0粉讲师到畅销书作家　／思林／9

全职妈妈用热爱点亮自己的人生　／皓妈(刘香茹)／28

活出热气腾腾的人生　／达因达姐／37

从低谷走向全球荣誉殿堂,是什么让平凡人逆袭?　／Ivan(黄杰荣)／46

第二章　看见价值

培训师花一份时间可以获得多份收入　／张炜／59

当你对起来,全世界都会对起来　／宗煜珈／68

大胆做梦,你也可以　／海婕／78

没有人生而平凡,除非你甘于平庸　／黄艺霞／86

美妙的相遇　／刘姗姗／99

发挥天赋专长,放大自己的价值　／美妤／107

第三章　做最好的自己

会说话是天生的吗？　／东晶／119

姜姐姐的松弛经　／姜姐姐／129

职场二宝妈妈的副业成功之路　／品乔／141

我是梦莹，我只是我自己　／梦莹／153

做自己人生的设计师，活出最高版本的自己　／媛媛／160

此生，让自己成为最美好的作品　／E姐（李悦婷）／172

第四章　抵达人生巅峰

由退到不休，由创业到建立自己喜欢的芳香事业　／Candia（迪雅）／184

一个你没有听过的关于家庭教育的真实故事　／星诺／194

从乖乖女到中年叛逆，我经历了什么？　／星玥（陈丽君）／204

6个要素，助你探索人生　／言蹊／218

从一无所有到财富自由，普通人也可以逆天改命、重获新生！　／元哥／227

一生钟情易学　／乐高／238

门槛最高的一个赛道，做好了就是人上人　／古月／242

第一章
凤凰涅槃

陈晶晶

养育星球创始人
《让孩子成为阅读高手》的作者
家庭阅读养育专家

从职场妈妈到畅销书作者，她用阅读点亮无限可能

我是饼妈晶晶，在35岁、事业正值上升期时，我离开了职场，开始创业。5年来，我在养育2个儿子的同时，坚持亲子阅读，读了3000余本书。

陪伴孩子成长的过程，也是自我成长的过程。我和朋友们写了第一本书《好父母是孩子一生的朋友》，在2023年又出版了《让孩子成为阅读高手》。为了帮助更多家庭提升幸福指数，我创办了一个共生圈——养育星球。

在创办养育星球后的1年里，我累计帮助5000多名学员成功进入体制内就业，帮助3000多名学员成为人民教师，帮助10000

多个家庭的孩子成为小小阅读高手。

在不确定中探寻确定的人生

人生总有起落,没有人能预知明天,在迷茫的追寻中,我才能发现确定的人生之光。在我的故事里没有"鸡血"、没有逆袭,只有普通人一步一个脚印的突围。

上大学时,我是不断被推上学校舞台的闪耀的学生;2009年,我成为学院唯一受邀到台湾世新大学交流的学生。

然而,毕业工作后,我却遇到了瓶颈。于是,我开始准备研究生考试。备考了3年,才终于考上了云南大学图书馆学专业。幸运的是,我遇到了一位超厉害的导师。

毕业当年,我遇到了终身伴侣,他是一名海军军官、聪明绝顶的"才男"。我嫁给他,成了一名军嫂,随军去广东。于是,我走进了国内公考培训行业的头部教育集团。

在这个教育集团,想拿到一个科目的讲师资格,要经历一个半月的军事化封闭培训,通过考核的老师们都会脱层皮。而我,入职半个月后,经过培训和各种淘汰制的PK赛,成功突围,成了华南地区精英师资队伍中的一员。随之而来的是高强度的集中式培训,每天10—14个小时的工作,一个接一个的讲课、比赛……半年后,我拿到了5门课程的授课资格。

是金子总会发光。我的工作表现受到了领导的嘉奖、得到了同事的认可,于是,我获得了集团内参与教材编写与教研的机会。

2019年,我又走上了一段新的人生旅程,我成了妈妈。我们举家搬迁,回到了家乡——江苏泰州。我在当地找了一所职业院校,成了一名专职教师。在短短的一年时间内,我就作为优秀青年教师代表,站在了第36个教师节表彰大会的舞台上。

也许是上天的眷顾,在我以为遇到困境的时候,总能旗开得胜,找到确定的人生方向;也许是因为母亲的高标准、严要求,父亲的言传身教和老公的优秀才华,推动着我不断前行。

在确定的人生中,探索星辰大海

随着孩子的到来,我开始考虑孩子的未来。为了让孩子能在良好的环境里成长,我开始向外探索,学习、成长、破圈。

不管是线下还是线上的学习,从体验式到沉浸式,从公益讲座到收费课程,我都全力以赴。我先后认证了美国正面管教全科讲师、国际鼓励咨询师、高级阅读指导师、高级家庭教育指导师、亲子教育规划指导师等,同时在中科院心理所进修儿童教育与发展心理学博士学位。

考证不是目的,让自己在转型的路上越来越专业、给社会提供价值才是目的。

从 2020 年 5 月开始，我每天坚持复盘，曾经一天写过 4 万 5 千字的总结。在不断精进的过程中，我和朋友们一起出了一本书《好父母是孩子一生的朋友》，用自己的亲身经历分享育儿的经验。

本想跟着团队一起共赴星辰大海，二宝的到来却让我放慢了脚步。在集团开展"我心飞扬"大学生培训项目的时候，我怀二宝已经 7 个月了。还记得，在一次培训课堂上，我差点摔倒在讲台上，惊呆了现场的 300 多人。

2022 年，我不得不离开职场，拥抱家庭，做全职妈妈。

全职妈妈的生活并不能让我不安分的心沉静下来，于是，我想精进一下写作，把副业上升为主业。在老公并不完全支持的情况下，我走进了写书私房课的线下课堂，带着孩子的姥姥和 6 个月大的小宝，冒着因为疫情可能被隔离的风险，奔赴湖北武汉。课程结束，正准备踏上返程时，武汉疫情严重，我被隔离了，但我一点都不后悔。

学习结束不代表就能出成绩。刚开始，我投稿的选题是亲子沟通，想把多年以来学的育儿知识融入进去，但是关于亲子的书太多了，我写的内容不一定是对读者有价值的，因此经过反复多次打磨，我决定写亲子阅读方向的内容。

2022 年 8 月，"让孩子成为阅读高手"的选题终于获得中国纺织出版社的青睐，于是，我开始了白天带娃时用手机语音写作、夜里娃睡了用键盘修改并持续赶稿的日子。

2023年2月8日,新书终于上架,4个社群同时进行线上发布会。这一天,我就像学生进考场一样紧张。得知获得了当当网八榜第一的成绩、新书上市两个月后就加印的消息后,我终于放下了一直悬着的心。

考试及格,但想要获得更好的成绩,还要更加努力。虽然成绩还在不断刷新,但保持成长还需要长期的行动,最关键的是要坚信,种下的种子一定会生根发芽。我默默耕耘,静待花开!

在星辰大海里发现真正热爱的东西

月饼(大宝)出生3天后,进入月子中心,月嫂就开始给他看黑白视觉卡。近5年来,我一直陪伴他阅读。阅读是我认为和孩子沟通的最简单的方式。

阅读,对孩子的成长非常有帮助。很多道理讲不通,可以通过阅读来传递;培养生活习惯,也可以通过阅读来训练。孩子会自动告诉你"我知道",会用行动展示"我能行"。

第一,孩子的情绪表达到位,语言能力飙升。月饼很会表达自己的情绪,生气了,会跟你说"我生气了";高兴了,会很乐意分享,"这件事让我很开心"。

第二,孩子的生活习惯良好,行为能力出色。很多父母会抱怨孩子不起床、不愿意刷牙、不愿意吃饭等生活习惯问题，我没遇到过，因为绘本已经提前帮助我和他沟通过了。

第三，知识储备丰富，想象力和创造力很强。很多孩子在成长的过程当中，会惧怕一些鬼神之类的，但月饼知道这些是不存在的，会根据已有的知识来解释这些现象的由来。

和孩子共读了 3000 多本书，我似乎回到了自己的童年，更重要的是，我和孩子的沟通更加深入了，涉及天文地理、物理化学、地球生命等；不知不觉中，我们都拥有了较好的阅读习惯，到点不看书就会不舒服。最欣慰的是，我获得了一个学会表达爱的孩子、一个会影响弟弟阅读的哥哥。

显然，经过多年的理论学习和实践，我得出了一个结论：阅读养育法可以解决家庭教育中 90% 的问题。基于这个结论，我成了一个影响更多家长的成长导师。我致力于鼓励孩子自然发生的阅读行为和培养良好的阅读习惯，并通过《让孩子成为阅读高手》这本书不断推动更多的父母成为阅读能手、帮助更多的孩子成为阅读高手。未来，我期待在"养育星球"的影响下，能够为中国的每个家庭培养一位家庭阅读养育顾问。

我的合作伙伴之一是静心，她向我咨询有关孩子绘本阅读的需求。通过与我合作，静心取得了飞速的成长，并拥有了两个热爱阅读的宝宝，她从一个全职妈妈转变为一名专业的儿童阅读指导师和家庭阅读养育顾问。甚至孩子所在幼儿园的园长也加入了我们的项目,将静心视为孩子心中的榜样妈妈。

这个过程让我发现了自己的使命——赋能。通过阅读教育事业,我将总结出的经验传授给学员,与那些对我充满信任的伙伴分享。在这个过程中,我发现为他人创造价值的事情是不会让人感到疲惫的,相反,它充满了能量和价值感。

是的,阅读也许无法测量整个世界,但它能打开我们的视野,让我们看到更广阔、更有趣的世界。通过阅读,我们可以学习历史积淀下来的智慧,拥有真正适应人工智能时代的底气。

让我们一起对未来充满期待,一起通过阅读教育事业为更多人带来改变和帮助。我相信,通过我们的努力和奉献,能够共同创造一个更美好的未来,为下一代的成长和发展贡献力量。

结束语

从图书馆学毕业生到头部教育集团讲师、职业院校专职教师,再从全职妈妈到畅销书作者,我一直没有放弃教育,并一直坚信教育是用生命影响生命的事业。

未来,期待我和你可以通过文字进行深入交流,碰撞出更多有趣、有料、有价值的内容,为未来的世界贡献出一份美好。

思林

畅销书《文案破局》的作者
文案变现轻创业导师
Angie价值变现私董

从社恐到千人团队长,从0粉讲师到畅销书作家

"当我们敢于踏出舒适区,冒险去追寻梦想,生命的奇迹将在我们眼前展开。"

这句话出自美国作家马克·吐温。他曾经说过,二十年后,你会更后悔那些自己没有做过的事,而不是曾经做过的事。

你好,我是思林,畅销书《文案破局》的作者,一个因为文案而改写命运的人。

你知道吗?曾经的我内向社恐,甚至跟陌生人说话都会脸红,没想过这辈子自己会跟讲师、作家扯上关系……直到接触文案以后,我彻底改变了自己的人生轨迹。不仅变得更加自信,成为千人团队长、畅销书作家、自媒体博主，实现一个又一个梦想，还带着一群信任我的学员，通过学习文案，过上了更加富足、美好的人生。

所以，如果现在的你，对人生感到失望、迷茫，但又不甘心这么平庸下去，那么请立刻找一个安静的角落，开始逐字逐句认真地阅读这个普通女孩通过文案传递希望和梦想的故事……

乖乖女的挣扎：光鲜亮丽的生活，却不是我真正想要的

从小到大，我都是别人眼中的学霸、长辈口中的乖乖女，求学之路也一帆风顺，各种光鲜亮丽的证书，像专业英语八级、高级口译、专业法语、中级会计师、中级计算机等等证书……我不仅都有，而且统统都是高分通过的。

毕业后，我顺利进入一家世界500强企业工作。每天出入上海最高档的办公区，拿着一份不错的薪水，在你看起来，是不是妥妥的人生赢家？

可是我的人生，真的会一直这样一帆风顺吗？

这时候，意想不到的状况，接二连三地发生了。说实话，我自以为学历背景还挺不错，自信满满地想要大展拳脚，却发现没有人脉和背景，只凭学历和几张文凭远远不够。每天重复着同样的工作，一眼就能看到30年后的自己，拿着一份让我饿不死的

工资到老。

还记得那时候我经常失眠，因为这么多年来，我发奋刻苦读书，想要的并不是用重复的工作来填补我的生活。

而且因为连续加班，我完全没有时间陪伴家人。每当下班回到家，看到家人熟睡的脸庞，我总会忍不住偷偷落泪，甚至因此错过了我人生中的第一个孩子……

当时我熬夜加班，被送进了医院，医生说来得太晚了，孩子已经保不住了……永远都不会忘记那天，我独自躺在冰冷的手术台上，看着医生拿着仪器朝我走来，我的眼泪止不住地往下流。

也就是从那一刻起，我暗下决心，一定要改变自己！

放弃安逸：折腾了四年，奇迹终于出现了

自从发生那件事，我一遍遍地告诉自己，眼前这份一眼望到头的工作，并不是我想要的。我希望的是时间自由、工作自由，还能体验不一样的人生。

但是，到哪里去找这样的工作呢？

这个难题，一度让我迷茫焦虑到抓狂。于是，我在下班后，报了很多课，什么阅读、写作、英语、演讲等等，见到课就报，就像中邪一样，每天耳朵里听的不是音乐，而是各种付费课程。

通过坚持不懈的努力，在经受了无数次成功和失败的考验之

后，奇迹终于发生了。

当时，我的社群运营能力特别强，在某知名大型线上教育平台管理 500 多个社群，服务全网 3 万多名学员，凭着尽心尽责的服务态度，一度蝉联课程的销售冠军。

万万没想到性格内向的我，也可以突破自己，成为销冠，在属于自己的舞台上，绽放光芒！

因为成绩特别突出，我被选为分销团队队长，开始管理团队。团队人数从刚开始的 1 个人，慢慢壮大到 3000 多人。我带着这个团队，一路高歌猛进，业绩稳居第一！平台校长都对我赞赏有加，还专门邀请我做采访！

这时的我，看起来真是春风得意。可惜没过多久，意想不到的事又发生了，再一次把我推向谷底……

突破困境：这次尝试，居然彻底改变了我的人生

本来我以为，终于找到了自己喜欢的小事业，并且可以一直做下去，但是好景不长，仅仅一年后，我就再次遭遇线上创业的滑铁卢。

因为在我的团队里，大多数成员都是副业"小白"，既没有人脉，也没有影响力，纯分销的模式很快就遇到了难以突破的瓶颈。大家的收入都在断崖式地下降，说白了就是没有自己的产

品，只是依附在平台上。而且我也隐隐发现，任何平台都有自己的生命周期。

所以这一次，我决定了，要做一件有长期价值的事。即使离开平台，我也能带着信任我的人，成为更好的自己。

也就是在这个时候，我遇见了 Angie 老师，她是我的贵人，也是对我影响巨大的人生导师。和她的相遇，彻底改变了我的生活。因为我忽然发现，原来我们的人生，真的存在更多可能！通过在线上打造个人品牌，每个普通人都可以逐步建立影响力，拓宽人脉圈，让自己变得越来越有价值，实现人生的重塑和蜕变。

于是，我鼓起勇气，重新出发，居然再次成功攀上高峰，又一次突破自己！

新的征程：我要不断创造新的奇迹！

跟着 Angie 老师深度学习以后，我进入了一个崭新的世界，也找到了自己最热爱的细分领域——个人品牌文案导师。因为我非常确定，在未来，每个人最重要的资产，就是个人影响力。提升影响力有两个方法，一个是写作，一个是演讲，两者都离不开文字。

无论是写文章还是发朋友圈，或者是重要场合的交流表达，文案写作都可以帮助我们更好地传递自己的价值观，从而提升个人品牌的认可度和影响力。

于是，我踏上了新的征程。

2021年2—3月，我先后付费了30多万元，向个人品牌和文案领域最权威的老师学习，同时结合多年的线上副业经验，开始搭建自己的课程体系。

2021年6月，我报名参加了演讲比赛。之前性格内向、和陌生人说话都会脸红的我，居然运用文案思维，直接晋级全国总决赛，最终获得优胜奖！

2021年7月，我开始尝试连续直播，从紧张害羞到面对镜头侃侃而谈，收获了许多陌生观众的好评，也曾经靠一场直播涨粉近1000人。

2021年8月，我升级了原来的文案一对一私教班，推出了超级文案IP年度私董会（弟子班），从文案、流量、成交、交付、裂变、发售、个人品牌等多个维度，帮助学员打通整个商业闭环。让我意外的是，课程一推出，就有60名学员锁定名额。

2022年4月，在上海由于疫情被封控期间，我仅用了一周时间，就写了一本11万字的书稿，记录自己深耕文案营销以后，给人生带来的巨大改变。

2022年11月，我的另一本文案手稿《随心所欲收钱魔法》在内部发行，不到30秒就被抢空了！

2023年1月，我开启了公域赛道，把自己的文案经验分享到小红书上，20天就涨粉4000人，成功引流2000人。至此，我彻底打通了私域和公域的整个生态圈。

2023年4月，新书《文案破局》上市发行，首发就获得了当当网6榜第一、京东网4榜第一，狂卖8000册，好评一片！

通过我的个人经历，我想告诉你，人生的意义，就是不断尝试挑战和突破自己的极限。我可以，你也可以！

但是，你知道吗？最令我自豪和骄傲的，并不仅仅是这些。

成人达己：通过文案学习，他们遇见了更好的自己！

我最自豪的不是自己取得的成绩，而是能够真正帮助信任我的人，让他们遇见更好的自己。

用短短2个月，她从销售绝缘体晋升为营销总监

我的私董青青放弃了体制内的工作，毅然选择辞职创业。可是辛苦积累了7万个粉丝以后，她发现自己擅长的东西和平台主推的调性不匹配，无奈选择放弃。

加入我的私董会后，她的家人和闺蜜都在第一时间感受到文案学习所带给她的巨大改变。2个月后，她惊喜地告诉我，自己被任命为公司的文案营销总监，一切都是这么神奇！

骨子里不自信的她，在这里绽放光芒

韩韩是大学国际项目的留学规划顾问，向来说话、做事唯唯诺诺。谨小慎微的她，最大的痛点就是不自信。2022 年，她正处于事业瓶颈期，主业受到大环境影响，副业也因为没有打造个人 IP 的意识，做得很不顺心，几乎就要放弃了。

跟着我学习以后，她整个人的状态完全不一样了，不仅很快收到了自己的学员，还接到一个销售额高达 5 位数的文案订单。更让她开心的是，主业也有了很大起色。她用文案思维谈订单，仅一个人的业绩就已经远远超过了整个团队的合计数！

一名创业 8 年的连续创业者，在这里开辟了全新的赛道

大墨是一个服装行业的连续创业者，过去经常付费学习，但就是付出和收获不成正比，越来越迷茫，甚至怀疑自己是否根本不适合做线上。

自从跟着我学习文案，她不仅成功进入公司的核心管理层，还增加了多项收入。她用学到的文案营销方法，帮助企业从 0 到 1 打造私域体系，效果非常显著，首批招生名额被一抢而空，还帮助线下实体店策划整套活动方案，开业就拿下了高达 6 位数的营业额！

遇见对的人，社恐也可以逆袭成为销冠

我的私董玥溪在线上曾多次付费学习，可是越学越迷茫。做轻医美的她，因为性格内向，客户流失得特别快，整个人简直焦虑极了。

自从加入我的私董会，她月月刷新销售纪录，很快有了新的收入来源，收到文案私教学员。在最近参加的美博会上，她又给我带来了惊人的好消息，现场引流 300 人，日销售额破万元。更让人惊讶的是，面对陌生客户时，她再也不社恐了！

身兼多重身份的他，居然能做到全平台日更

若弘是第一位报名私董会的学员，在这之前，我们甚至都没有聊过天。他的主业是高级财务经理，副业是健康产品的特约经销商，如今又拥有了新身份，成为文案营销教练。

在接触文案之前，他一直没有停止学习，却从没有变现过。然而，加入我的私董会后，一切开始悄悄改变。我帮他梳理了线上全生态的多维布局，他做到了全平台日更，包括公众号、小红书、视频号等。不仅帮助多家企业运营自媒体账号，每天还有陌生客户来咨询，实现了公域和私域一起精准发力，在照亮别人的同时，也让自己变得光芒万丈！

全职妈妈，可以对手心向上的生活说"不"！

Linda 是一位全职妈妈，之前一边照顾孩子，一边做着微商。当时的她，做微商遇到瓶颈，发出去的朋友圈就像石沉大海，没有人咨询，更没有人下单，把她愁得不行。

我手把手带她梳理和布局变现路径，经常朋友圈一发出去，就能自动出单，她整个人的状态都变了。2022 年 10 月份，她的年度文案弟子班开班，一夜之间招募了 11 个付费金额达到 5 位数的学员。简直不敢相信，没资源、没背景的全职妈妈，居然可以实现经济独立，更重要的是，她的家庭生活也变得更和谐幸福了！

这样的例子还有很多很多……说实话，我做文案创业导师的初衷，就是帮助这些个体创业者，一个人活成一支队伍，让他们找到属于自己的赛道，自信地绽放光芒。这让我感受到，从事教育事业的无限快乐与成就感。

我的学员来自各行各业，有实体店老板、知识付费老师、自媒体博主、教育机构校长、高校老师、主副业并驾齐驱的斜杠青年、全职妈妈、大学生等等。他们都通过文案学习，迎来了崭新的人生。

为什么文案的威力这么大？

因为我在带学员写文案的过程中，不仅会关注如何提升他们的文字能力，更重要的是让他们掌握文案写作背后的底层逻辑，打造一台可以自动运转的24小时收钱机器。真正用文案结合营销思维，让业绩提升。

当下，随着时代的发展，各种营销方法日新月异。每隔一段时间，就会有一种新的营销形式爆火，而爆火之后，必然会引发一波跟风潮。如果你能透过现象看本质，就会发现：不管营销的形式发生了怎样的变化，它的内核始终是不变的，那就是对于人性的洞察。

所有的营销，都建立在研究人性的基础上。只要搞懂了人性，天下就没有难做的生意！

下面就分享三个人性密码，一起来感受文案的神奇魅力。

（1）利益。

人的本性都会为自己考虑，所以我们不管做什么营销动作，都要让用户觉得，你给的东西和他有关，而且会给他带来某种利益或者好处。

那么，怎样才能挖掘出产品的好处呢？分享一个四步方程式：产品—产品特征—产品好处—产品好处给客户带来的结果。

举例：

①产品：名牌时尚女包。

②产品特征：真牛皮定制时尚女包。

③产品好处：背上这款包包，让你变得有气质。

④带来的结果：出席活动的时候，这款女包会让各路男神为你神魂颠倒。

为客户推荐产品的时候，要找到他最需要的卖点，描绘出拥有产品后能够得到的结果，放大利益和好处。

（2）恐惧。

每个人天生都缺乏安全感。想象一下，你在夜里出行的时候，是不是会下意识地环顾一下四周，看看有没有可疑人物？因为害怕自己有危险。

为什么我们在文案里要挖客户的痛点？在成交时也要挖客户的痛点？就是因为痛点本身，就是客户的一种恐惧心理。

如何描绘用户的恐惧心理呢？依然分享一个四步方程式：产品—产品特征—恐惧—放大恐惧。

举例：

①产品：蔬菜。

②产品特征：有农药残留的蔬菜。

③恐惧：吃了以后，会觉得身体不适。

④放大恐惧：吃了以后食物中毒，上吐下泻，危及你的生命。

放大用户的恐惧，才能真正引起他的重视。就像平时一杯水放在你面前，你可能不想喝，但是如果在沙漠中，你手中刚好有一杯水，这个时候你一定会喝。

（3）好奇。

平时看到电脑上跳出一个爆炸性的新闻标题，勾得你不得不点进去一看究竟，或者当别人说话说一半的时候，你就会觉得自己浑身难受，这就是好奇心的威力。如果你能用到文案营销中，就能激发用户无穷的欲望。

例如：

羽绒服千万不要再送干洗店了！

骨瘦如柴的7岁小男孩，竟然敢挑战拳王？

孩子总不听话，到底应该怎么办？

这里的石头，竟然可以开花！

你的同学，都不希望你知道的学习真相！

当你掌握了人性，就能轻松勾起用户的注意力，所以，我会一对一帮学员们修改文案，培养他们对用户思维的洞察力，这样后期输出到自媒体平台、做社群分享或者直播的时候，也就变得得心应手了。等到这时，我会继续手把手带学员，解决流量、产品、成交、复购这一系列问题，打通变现的"最后一公里"。

在这个过程中，我每天都要花大量的时间，给学员做一对一辅导，反复沟通交流，同时不断迭代课程体系，把我自己会的知识和技能，毫无保留地教给他们。虽然会耗费很多时间和精力，但是我始终坚信这一切都很值得。

随着教学的深入，我自己的定位也从文案写作教练，升级为通过文案传播高维智慧的人生导师。在我看来，这正是一个成人达己的过程，因为商业的本质就是利他。如果你不能帮到别人，不能给学员提供全方位的价值，你的个人品牌也无法真正建立起来。

所以，除了教授技能以外，我还会告诉他们，无论遇到任何生活中、工作上的烦恼，都可以随时来找我沟通。我希望，我们之间不仅是师生关系，更是一同奋斗的"后天家人"。

本着这样的信念，我亲眼见证了无数学员，从焦虑迷茫到绽放光芒，从寻找希望到成为灯塔。我也真正体会到了做教育的意义，那就是用生命影响生命！而帮助别人不断成长蜕变，是这个世界上最有满足感的事！

六大思维：普通人也可以华丽转身，迎来属于自己的新篇章

通过以上我和学员的故事，我想分享自己在创业道路上六个最重要的创富思维。

不可替代的一技之长，是你无惧未来的最大底气

还记得有句话是这么说的："一个本事学会皮毛，能勉强谋生；学会八分，可养家糊口；学至精髓，方能修身齐家。"

在现实生活中，如果你的主业没有太大的价值增长空间，工

作之余也是安于现状，不愿意去改变和提升自己，那么自然会面临随时被淘汰的危险。

在我看来，生活中处处都是文案。只要是和文字打交道的工作，它都可以成为你安身立命的一技之长。所以，我会要求所有学员，在跟着我学习的第一个月，先扎实练好文案这项基本功。

当你掌握文案能力以后，无论是打造个人朋友圈、微信社群、短视频，还是做自媒体博主，为企业或者实体店提供营销方案、运营账号，打通整个私域和公域生态圈，都能驾轻就熟，取得明显的业绩增长。

所以，只有一技之长，才是你今生最大的依靠！

聚焦深挖一口井，才是人生最好的修炼

很多拿不到成果的人，都有一个共同的特点，那就是浮躁，总是太想要一个结果，又不肯持续努力。其实，做事就像挖井，如果你东挖挖、西挖挖，最后很可能哪里都不出水。所以不要急于求成，踏踏实实深挖一口井，才是根本。"心心在一艺，其艺必工；心心在一职，其职必举。"

就像我自己自从开始打造线上文案 IP，坚持每天发 5—8 条朋友圈，哪怕生病，也从来没有间断过。我经常收到小伙伴们发来的私信：

"思林老师,我看你的朋友圈,一直看到了半夜,太温暖了!"

"天天手抄你的文案,感觉很幸福!"

"你的朋友圈,是我看过写得最好的!"

所以,请你深信不疑地坚持、持续不断地精进,因为这才是人生最好的修炼。

懂得投资自己,是一个人最大的远见

网上有句话叫"搞钱先搞脑",如果你想要提升自己,真的要先学会投资,让自己增值。还记得一位知名教育家曾经说过,即使在最穷困潦倒的时候,他都会将收入的80%用来付费学习,这才有了后来的成功。

所以,在自我投资这件事情上,很多时候你越是想省钱,越是突破不了原有的圈层。

我自己早就习惯了每年付费六位数,向各行业厉害的老师学习,不断更新迭代我的知识体系,就像巴菲特曾经说过的那样:"最好的投资,就是投资你自己!"

所谓成长,就是强者不断破圈的过程

还记得当初我刚开始接触互联网,第一份副业是课程销售。这就是一种破圈,对于内向而且不擅长销售的我来说,这也是勇敢踏出的突破自己的第一步。

后来，我又转型为个人品牌文案导师，也是一种破圈。在这里，我接触到了完全不同的圈子和资源，让我知道原来人生还有很多可能，普通人也可以化身为作家、讲师、自媒体博主。

所以如果你想要获得更快的成长，我真诚地建议你，一定要学会不断破圈，打破固有思维，向更优秀的圈子靠近，这样你的路才会越走越宽！

认知突围，才能快速实现人生跃迁

马云曾经说过："很多人的一生输就输在对新生事物的看法上。第一，看不见；第二，看不起；第三，看不懂；第四，来不及。"

很多时候，我们卡在一件事上，并不是因为努力不够，而是认知受限，原来的思维已经无法解决新的问题了。在这个时候，如果你还不去学习，停留在原有的认知上，就会越来越无力，甚至开始对自己和周围的一切感到失望，进入一个恶性循环。

知识付费、个人品牌、文案营销等等，这些新兴行业已经帮助无数人抢占先机、获得巨大的成功。如果你依然不愿意靠近，觉得这些离自己太遥远，那结局只能是停留在原点。

因为人，永远赚不到认知范围以外的钱。

真诚，就是最好的套路

没有任何营销方法，可以抵抗一颗真诚的心。

我在线上创业 8 年，从没用过任何套路，去私信骚扰过任何一位学员，他们都是看了我的朋友圈、社群分享或者直播后，主动报名的。因为我一直信奉一个价值观：如果不能为客户提供价值，就不要轻易打扰他！

报了名的学员，我都会掏心掏肺地交付，给十倍百倍的价值，还会经常给学员准备礼物，定制贺卡，送各种惊喜福利。因为我相信真诚待人，才会被别人以诚相待！

写在最后：生命，是一场未知的冒险

现在的我，觉得自己特别自信且有动力，因为我找到了奋斗一生的事业。

我通过互联网创业，不断突破自己的舒适区。曾经内向社恐的我，在这 8 年中，尝试了太多从未想过的挑战，直播、写书、讲课、演讲……这些都让我看到了，人生更多的可能！

除此之外，每当我看到学员们一个个飞速成长，彻底从迷茫中走出来，每天都在成为更好的自己，眼里闪烁着满怀期待和力量的光芒时，我都会深深感受到，自己身上特殊的使命感和责任感。

你瞧，原本内向普通的我，也可以不断突破舒适区，找到自己的人生价值，相信你也完全可以！

感谢你读完了我的故事，也祝福你在人生的道路上，不断超越自己，迎来更加美好的未来！

皓妈（刘香茹）

美食赛道创业顾问
皓妈餐饮中心创始人
深圳电台创业栏目特邀嘉宾
健康管理师、公共营养师

全职妈妈用热爱点亮自己的人生

稻盛和夫在《活法》里写道："一个人的人生，和他内心描画的蓝图一样。愿望就是种子，为了在人生这个庭院里扎根、长茎、开花、结果，种子是一切的开始，是最重要的因素。"我理解的种子，其实就生长在我们每天的日常生活里。

只是以前我不知道，原来我的种子和美食有关。在很长一段时间里，我的人生和美食没有交集。如今，我创办了皓妈餐饮中心，研发美食和相关课程。同时也是两个男孩子的妈妈，大家都喊我皓妈。

熟悉我的人都知道，我是把美食融入灵魂的人，我用美食治愈了自己，也治愈了很多人。

和大部分妈妈一样，专属于我的个人时间，是从两个孩子去上学、老公去上班开始的。当整个家就剩下我一个人，我一般会在小花园里给自己泡一壶自制的花茶，一边喝一边发呆，或者收拾一会儿我的花草。

当我感觉到自己的心慢慢静下来时，我就会开始阅读、写作、做美食。

发呆的时候，我的眼前常常出现小时候的画面：快过年时，我和弟弟在院子里玩，老爸和老妈张罗着过年要吃的灌肠、肉糕和丸子，一股香气充满了整个院子。每次这些每年只能吃到一次的食物一上桌，我和弟弟都兴奋得不得了，灌肠和肉糕蘸上爸爸调制的酱汁，丸子被妈妈做成大锅菜，这个味道，至今都记忆犹新。

我出生在河北石家庄的一个小村子里，16岁那年，我离开父母，去城市里独立学习、生活和工作。

毕业后，先是在电视台工作了11年。30岁时，为了爱情，一个人拖着行李到南方深圳投奔幸福。

在深圳的12年里，做了4年的人力资源管理和项目管理；生了2个儿子，做了7年全职妈妈；拿了6个证书，尝试了5种副业；经历了人生一次又一次难忘的考验……

其间，我做过亲子课程、塔罗课、美食课、美食私人订制，学习过时间管理、副业赚钱和个人品牌，其中一个项目我持续做了8年，即最让我心动、人人都爱的美食。

要不是写这篇文章，我都没有意识到自己居然有这么多的标签。而在上面我所罗列出的这么多标签中，大部分人提到皓妈，只会联想到美食。

在我42岁的这一年，我找到了自己毕生的使命：用美食帮助更多人实现价值。

而这一路的探索和尝试，现在回头看，也是特别有意义的。

热爱的事在冥冥中早已注定

我从小对味道很敏感，所以我的记忆总是和味道在一起的。

爸爸是村里的大厨，村子里谁家有喜事、摆酒席，都会请他去掌勺，做几十桌的流水席。

或许是遗传了老爸的基因，我从小对味道很敏感。每次回家，走在胡同里，老远闻到家里飘来的食物味道，就知道老爸在做什么好吃的。

每年槐花开花的时候，我都会爬到树上，摘上一筐，让奶奶做蒸菜，蘸着蒜汁吃，那个是我童年最美好的记忆。无论我走到哪里，每到槐花开的季节，就会特别怀念梳着丸子头、裹着小脚的奶奶坐在木板凳上，一边烧着柴火，一边做着蒸菜的情景。

美食往往都和某些人、某些感情有关联。

每年冬天，爸妈都会来深圳住上些日子。老爸会给我们做他的拿手好菜，每次吃到老爸做的美食的时候，就再也不会想减肥的事了，我的孩子们特别喜欢吃姥爷做的炖肘子、水汆丸子、虎皮尖椒。

只是我从来没有想过，我能把美食做成副业。记得当时我开始学习打造个人品牌时，老师要求我们必须做一个产品出来，我就想我会做什么呢？

最终，我选择了美食。

不知道为什么，任何时候提到美食，我都会心生愉悦，或许是因为懵懂少年时就有的一种情怀吧。

当决定把美食当作副业来试一试的时候，那天晚上，我激动得一晚上没睡，越想越来劲儿，将我会做的美食列了满满一张A4纸，我自己都震惊了，天呐，我会做这么多的美食。

我先选择做牛肉酱，作为自己副业的开始。让我没想到的是，牛肉酱收获了100％的好评。

我开始把做私房美食这件事告诉身边的人，于是收到了一个高端餐饮品牌的批量订单，接着开始了我的第一个30份订单、50份订单、100份订单、500份订单……

有梦想一定要坚持，万一实现了呢。我真的实现了这个梦想。

39岁那年，作为两个年幼孩子的母亲，我的生活发生了大逆转。身体敲响了警钟，我问医生具体的病因是什么，却并没有得到一个确切的答案。为此，我消沉了好久。

生活中的柴米油盐酱醋茶，和我们的身体都有着密切的联系。每一种食物进入身体，每个日常的生活状态，都会传递出不同的信息。往后的饮食习惯、生活状态，都是对身体考验的调整和弥补。

《生命的重建》里有这样一句话，它点醒了我："爱自己，接受自己，找到生命的价值。"

我想要找到的生命价值是什么呢？

接下来的日子，我时不时会做一些赏心悦目的美食，一个人在厨房，去感受食物生命的延续，享受美食所带来的每个心动的瞬间。

我慢慢发现，身体敲响警钟这件事，就在制作美食、享受美食的过程中，被消化掉了，我被美食治愈了。

我突然有个念头，我要让美食带给更多人不一样的人生体验。

从受到老爸的影响，尝试做美食，到被动选择做美食副业，再到用美食去影响更多的人，冥冥之中，做美食的使命一次次被确认。

8年，上万人吃到了皓妈研发的美食

《牧羊少年奇幻之旅》中有这样一句话："每个人来到这个世界，都有自己注定要实现的天命，无论你是谁，无论你要什么，当你真心渴望一样东西，整个宇宙都会合力来帮你的忙。"

我热爱厨房，也非常热爱我的生活，美食成为我热爱生活的基础。我喜欢食物带来的烟火气，我喜欢看到别人享受美食的快乐。我要在美食这个领域，拿到成果。我的导师 Angie 老师说过，如果你想过有结果的人生，就要持续做有结果的事情。

是啊，任何事情都是实践出真知。

突然发现，对自己的使命越清晰，周围的力量也在逐渐靠近自己。

我开始持续实践，持续分享。当全职妈妈 7 年后，我突然接到一个连锁美食机构的邀请，帮他们做产品研发。半年时间，从 2 家店做到 20 家店，我负责的产品走进了千家万户。

8 年的时间，上万人吃到了我研发的美食。在这个过程中，我不仅感受到美食对人们的影响，也感受到了美食融入生活后给人们带来的美好体验。

"四方食事，不过一碗人间烟火。"

内在是因，外在是果。你的每一句话、每一个念头、每一次行为，都是在为种子施肥，最终会长成参天大树。要什么，就在自己的心田里种下什么。

我更加确信，我要用我的技能和 8 年的实践经验，去影响更多人，帮助更多像我这样的全职妈妈或者想要零基础创业的人，真正地实现创业梦想，实现美食变现。

解决焦虑最好的办法：找个能做又喜欢的事行动起来

我经历了从职场人士到全职妈妈，到再一次进入职场后，又选择做全职妈妈这样的过程，在职场一共有 16 年的时间。当全职妈妈后，我开始做副业，带过的学员有企业高管、有医生、有全职妈妈、有职场妈妈，还有大学生。

发现每个人在不同的阶段都会有不同程度的焦虑情绪，焦虑情绪多了，就会产生一些潜意识的信念，影响自己拿到结果。

解决焦虑最好的办法就是找个能做又喜欢的事情行动起来。

如果你真的想开启一段不一样的人生，现在，就是最好的时候。要相信天下没有白走的路，每一步都算数，你走的每一步都是在为梦想铺路。行动，是治愈一切焦虑的良药。

乔布斯说："你不可能在眺望未来时，把生活中的每个点连接起来，只有回顾时，才能连点成线。"

等风来不如追风去，追逐的过程就是人生的意义。你必须相信，今天所做的事情，一定会影响未来的自己。不要等生活真的来为难你了，才去后悔过去过得太安逸了。

我认为做自由职业的妈妈，终身学习一定是必要的。《女王的教室》中有句台词："只要还在学习，人生就有无穷的可能。"这 8 年来，我真的是一边学习，一边实践；一边做方向筛选，一边拿到成果。

有问题，就去寻找方向；焦虑了，就开始行动。人生就是不断地失去、得到、找到自我的过程。

刚开始做私房美食的时候，并不是很顺利，阶段性的销售问题会困扰我，怎么办呢？

我整理了所有客户的个人信息和购买信息，有了新产品就主动发给他们，把最新的产品信息分享给老客户，提高购买率。

其实不管做什么，都会有倦怠期，美食更是如此。顾客不可能总是吃一种食物，他们会吃腻的，那么就要考虑做好产品的迭代，爆款产品长期销售，新品定期调整。

永远带着用户思维来做事。所有的顶级销售，卖给客户的绝对不是产品本身，而是美好的生活和对未来的期许，以及自己值得拥有的价值感。坚定信念，把好的产品分享出去，带给顾客小而美的感受。为了自己热爱的事，做好客户的长期维护非常重要。

人人都可以实现从零开始做美食创业

很多妈妈带着焦虑找到我，她们很好奇，我是怎么做到一边带孩子一边创业的。她们以为我是一个超人妈妈，不管什么，都能做得很好。

其实不是这样的，妈妈们都知道，每天花在孩子身上的时间有多少，全职妈妈更是如此。除了孩子，还有家里各种琐碎的事情，所以不得不让自己变得很强大。

我很喜欢现在的生活，可以有时间带孩子，有时间应付家里的各种琐事，还能实现自己的创业梦想。

这就说到我们如何选择一个合适的创业项目，而不影响照顾家人的节奏呢？

做了8年的美食创业项目经验告诉我，任何事情都是有迹可循的。

实现美食变现这些年来，我是从几块钱、几十块钱开始的，我特别相信，只要想做，真的没有做不到的事。

2023年初，我写下的微梦想清单里，有一条是我希望更多人能够通过美食实现变现，而且是快速变现。半年后，我正式开始了帮助别人通过美食变现，把我这8年来的技能和方法，教给更多有需要的人，帮助更多人排解焦虑、实现梦想。

我实现了副业变现，也希望更多的妈妈、更多想要零基础创业的人，实现自己更大的生命价值，做个自信、自带光芒的人。

"改变现状的第一步，就是意识到问题的存在。"其实在我们考虑改变的时候，改变就已经开始了。让我们一起，把注意力放到我们想要做的事情上，让梦想开花结果。

达因达姐

创业使命教练
目标管理专家

活出热气腾腾的人生

大家好,我是旅居美国的达因达姐,是一名创业使命教练和目标管理专家。很多朋友觉得我通过努力实现了自由探索人生的梦想,成为一名世界人,过上了自己想要的生活,感觉可以躺平了。

是的,我身在美国,然而,我心系全球华人女性,想要把自己创造美好生活、达到人生目标的思维传递给全世界的女性。我想告诉大家,通过自己的努力,我们都可以过上自己梦想的生活,活出本自具足、最高版本的自己!

觉察积极拖延，挖掘内心目标

曾经是重度拖延症患者和"懒癌"患者的我，每次写下目标，从未完成过。信誓旦旦早起背英语，结果半夜三点还在刷美剧；考试永远是通宵复习，工作加班也完成不了。欧洲心理学杂志论文表明，拖延症患者在成年人群中约占20%，大学生学业拖延更为显著，高达70%的大学生认为自己是拖延症患者并且50%的人一直在拖延，拖延通常占学生日常活动的三分之一以上。

你是否和曾经的我一样，被拖延所困扰？你是否在疑惑，为什么明明有很多任务要做，却忍不住刷手机、看短视频？为什么明明一件事半小时就做完了，却花费了三小时才启动？为什么设定好的目标，却因为各种阻碍而无法完成？

我曾花费大量时间，和自己的拖延症对抗，然而收效甚微。当我开始研究目标心理学时，一切都通透了，心理学研究表明拖延有主动拖延和被动拖延之分。主动拖延不会影响心理健康，甚至有高幸福感。积极主动拖延对于我们探索内心深处的目标有着决定性的指导意义。在积极主动拖延中，拖延的目标可能不是自己内心深处真正的目标。当我们主动选择先完成自己内心认可的目标时，可以更好地调节内心的舒适度，提升人生的满意度和幸福感。

我开始深入觉察和分析，自己的拖延症状是被动拖延还是积极拖延。我剥离掉被动拖延的干扰，觉察到积极拖延底层的内心剧本，终于明白为什么我无法面对高考发挥失常、考研失败的困局，为什么觉得自己是一个失败者。

考研这件事，夹杂了积极拖延和内外界评价系统的冲突。考研对于我来说，是一个消极目标，我在进行积极拖延。进行深造是我自己内心深处的目标，读研究生也是父母的期待，看起来考研的目标是内外一致的，然而有一个内在冲突是，我自己比较希望到国外深造，探索世界，体验人生；父母却不放心让我出国，希望我能够在国内读研。因此，我选择了考复旦大学的生物学博士，目标是先考上国内的研究生，再申请国外交换生。两次考研均失败的困局，一部分原因是高考发挥失常的挫败感让我形成了对考试的习得性无助，一部分原因是积极拖延导致的主动退出第二次考研。

真实地面对自我，我重新出发，一边找工作，一边探索自己的真目标。起初，我只知道自己不想要什么，慢慢地，我探索到自己真正想要的人生目标。对消极目标的深度分析，能够触碰到内心最柔软的部分、最深层的需求，从而从表层的拖延中，挖掘出内心需求，探索到真目标，让底层动力源源不断地涌上来，行动力自然上升，这个底层挖掘为我后来成功申请美国名校 MBA

奠定了基础。

我不断达成一个又一个目标，升职加薪，找到灵魂伴侣，年目标完成率翻了三番！在忙碌的工作中，我没有放弃对梦想的追逐，找到了清晰的路径。在参加了 ChaseDream 论坛的 MBA 申请分享后，明白去西方国家读 MBA、全面学习商业知识，是我下一步要走的路。2015 年是我来到美国的间隔年，我静静地在喜欢的咖啡厅里思考人生，在电脑中建立了这样一个文件夹——"达因的十年"。这一年，聚焦探索自己的人生。在 MBA 申请论文中，我豪迈地写下自己的使命宣言："女性帮助女性，我要建立一个帮助女性的组织"。这一年，我建立了完善的目标管理体系，制定了五年计划，光速成长的核心是我开始聚焦自己的目标！

我清晰地知道我的人生价值观是自由探索人生，到美国读 MBA，对我而言，不仅仅是职业的跃迁，最重要的是对人生观和世界观的探索。考上匹兹堡大学的 MBA，是我人生的转折点。在实现多年梦想的那一刻，我终于明白，梦想是可以通过努力、通过目标管理去实现的。

很多学员迷茫于工作、迷茫于感情。当我们在一份工作中失去热情的时候，我们是否思考过，我们是在完成自己的职业目标，还是仅仅在完成公司的目标？当我们在一段关系中失去自我的时候，我们是否思考过，我们是否把自己的目标，融合到了整个家庭的目标中？还是把对方的目标，当成了自己的目标？当我们面对父母的期望而压力倍增时，我们是否把父母的目标误认为自己的目标？为了实现父母的期望、获得父母的认可，是否抛弃了自己的人生？

当你没有自己的目标时，你的人生会被别人的目标占据。海蒂·格兰特·霍尔沃森说过："人最强的动机和最大的满足感来自自己选择的目标。"自己选择的目标会带来内在动力，也就是底层的源动力，这是一个为事物本身价值而做事的愿望。当我们的底层源动力被激发时，会更享受追求目标的过程，觉得一切更有趣味。与此同时，在完成目标的过程中，我们会激发创造力，面对困难更坚韧不拔，激励自己朝着目标不断走下去。

自己选择的目标，能够为我们提供最强烈的动机和最大的满足感。当我们定义自己的成功时，就会减少对于外界反馈的依赖，从渴望被认可，到自己认可自己的成功。因为有了清晰的人生目标，在两年半的时间里，我实现了生娃、读 MBA 和转行的撕裂式成长！经过虐人的 MBA 课程和在美国找工作的打磨，自卑的我变得自信，绽放光芒！

跨越至暗时刻，收获丰盈人生

2017 年，我 MBA 毕业，跨行转岗收获高薪 offer，进入喜欢的健康行业。本来以为我踏上了事业发展的康庄大道，没想到刚工作六个月，我就迎来了人生的至暗时刻。2018年初，我失业了，因为工作签证的问题，无法继续工作，需要等待签证，我不知道公司是否会为我保留刚刚获得的岗位。与此同时，亲密关系出现了问题，我陷入自我怀疑，跌入人生低谷，濒临崩溃，身体也出现了问题，我常常痛哭不止。我问自己，我的人生就这样了吗？我不甘心。我相信，只要不断重塑自己，向目标前进，就能活出自己想要的热气腾腾的人生！

我明白只有终身学习，才能打破我的困境。我花费巨资，学习萨提亚心理学理论、NLP神经语言程序设计学、三脑统合教练体系、九型人格、DISC、ICF国际PCC高级教练、美国生命教练和使命教练、美国目标成功教练、内心深处小孩疗愈体系、脉轮疗愈体系。

内心深处疗愈了，才知道自己是不接纳自己的失败，没有活出真实绽放的自我。美国心理学家威廉·詹姆士研究表明，普通人的潜能开发只有10%，还有90%的潜能没有被激发出来！如果世界上只有一种对话最重要，那就是自我对话，外界是投射和制造出来的。当我们和自己对话，可能看见的是胆小、怯懦、自卑的自己，也可能是自信满满、不认输、勇往直前、不怕苦的自己。只有先了解自己、认识自己，才能超越自我。

生命在为你关上一扇门的时候，永远会为你打开另一扇窗。

误打误撞，我开始创建个人品牌，成为一名目标管理导师。2018年4月，幸运的我，开始了主副业同步启动的人生，我收到移民局的工作签证，公司为我保留岗位并欢迎我回去继续工作，副业开始帮助学员完成目标，我走上了目标管理教练之路。

有使命感后的第三年，我从迷茫到坚定，人生有了翻天覆地的变化，聚焦将使命落地，成长为目标管理专家。这一次，我郑重地写下自己的使命宣言："帮助大家保持身心健康，超越自我，完成目标！"主业是在健康领域，帮助大家保持身体健康，用自己的商业策略和数据分析的专业技能，帮健康保险和生物制药公司完成销售目标；创业进入成长行业，做知识服务，帮助大家保持心理健康，聚焦个人目标管理，过上幸福的人生！2019年，我的人生进入全面开花的阶段，从痛苦驱动完全转化为美好驱动，个人和家庭的五年计划都超额完成，生命轮欢快地转动着，我创建了达因目标体系1.0，获得国家知识版权保护。

在探索生命、体验生命的这场旅程中，我发现成长是一点点拿起自己，又一点点放下自己的过程。我做了一场人生的臣服实验，臣服于生命的安排，接纳生命赐予的礼物，收获了内心的丰盈，沉浸在高维使命状态中。我终于明白，当我们跨越至暗时刻时，爆发的力量无法预期，关键是我们是否能够顿悟，寻找到人生的意义。

探索使命创业，活在天命频率

从 2018 年到 2022 年，我创建了达因达姐目标学院，影响了 2 万多名学员设定目标、5000 多名学员完成目标、200 多名学员探索出个人使命，学员遍布六大洲、十几个国家，其中不乏创业者和世界 500 强企业的中高管。我通过训练营的方式，帮助学员完成一个小目标；通过年度社群的方式，帮助学员完成年度目标；通过目标合伙成长模式，帮助学员实现生命轮平衡运转，完成人生目标；通过使命教练，帮助学员探索个人使命。在这个过程中，我成为自己想要成为的人，超越自我，绽放生命，成为一个有价值的人、一名女性领导者，听到了使命落地的声音。我开始活在使命的频率中，感受到精神自由和情绪自由。

在服务学员的过程中，我意识到目标是有层级的。我花三年时间，深度研究和目标管理相关的理论体系，研读和目标相关的心理学研究论文，在 2022 年完成了达因目标体系 2.0，实现目标体系的升级，并正式命名为五级目标体系。凭借体系的力量，有学员探索出终身使命，创业拿下 65 万元的订单；有学员找回价值感，获得了海外工作的机会；有学员的内心能量提升 200%，与原生家庭和解。我几乎每天都能收到学员的喜报。

在使命落地的过程中，我用极致利他的精神帮助女性财务独立、情绪独立、精神独立。每位目标管理者的底层特质和天赋优势不同，但通过五级目标体系都能够找到适合自己的工具和方法，进行思维和能量升级。目标管理是个人成长的基石，目标管理的理念、方法和工具非常实用，可以在职场发展、亲密关系、亲子关系和人脉积累的方方面面中使用，高效提升自己的成长效率，发挥更大的人生价值！

　　无论我们的人生是什么样的起点，无论我们经历了什么至暗时刻，我们都可以活出热气腾腾、内心充实、高价值的人生！

Ivan（黄杰荣）

规划幸福理财家
梦想启航家
Angie价值变现私董

从低谷走向全球荣誉殿堂，是什么让平凡人逆袭？

大家好，我是黄杰荣（Ivan），我既是两个孩子的爸爸，同时也是一个资深项目经理，更是一位国家认证的高级理财规划师。如果把我这三个标签融合在一起，我会把自己称作规划幸福理财家，因为，自从2014年考上理财规划师以来，我就立志将我过往做项目经理的经验、做奶爸的幸福家庭生活的经验，都融入理财规划当中，让更多人不仅懂理财，还能拥有幸福的人生。

将近10年后，我做到了。我累计为将近800位客户及其家庭创建了超过10亿元的资产账户，以帮助他们拥有安稳而幸福的人生，而我，也走进了理财规划行业全球荣誉的殿堂！

第一章　凤凰涅槃

平凡的我

　　我出生在一个很普通的家庭，父母开了一个很小的商店，平常他们很忙，没有时间管我。记得我小的时候，都是奶奶带着我，而父母一年365天，除了春节三天会在店铺闸门上写"春节放假三天"外，其余时间每天都起早贪黑，所以，我的起居饮食包括读书，都是我奶奶照顾的，我跟奶奶的感情更好。听起来是不是有点像留守儿童？父母很喜欢对我说："崽啊，你要好好读书，不读书就只能去耕田、摸牛屁股了。"当时的我，不知道这是玩笑话还是真话，小小的我，只能听话照做，好好读书，至于读书是为了什么、读书后干什么，一点概念都没有。

　　说来也奇怪，我就是这样被影响着，读书读得还不错，也考上了大学，虽然是二本，但自我感觉也挺不错。看，就是这么平凡和普通，没有什么高目标和高要求。毕业之后，我很顺利地找到了工作，在一家港资公司上班。当时还挺开心的，因为开始赚钱了。后来，我辞职去了专业对口的航运公司，它从全球第三大公司，跃升到第一大公司，因为它被收购了。我在这家公司一步一步走过来，实现了升职，成为主管、经理。我的第三份工作，转到了同样是世界500强的一家零售巨头公司，做质量管理经理。一晃就工作了10年，其间，我顺利地恋爱、结婚、生娃，过上了最普通的生活。我当时觉得，这就已经很好了，平凡是福。

我人生中的一个转折点，发生在做最后这份工作期间。当时我越做越顺，以为又有机会加薪升职，发展空间很大。此时，二宝降临了，我们当然是喜悦的，但随之而来的问题是，没有人带娃。于是，我家人开始给我做思想工作：工作随时都可以重来，而孩子是你的，你又会带孩子（这点我确实承认，毕竟我很早就把大宝带到早教中心去，学习了不少育儿经验），孩子这么小，自己带更好。我思量再三，终于决定，听从我家人的劝说，辞掉工作，两夫妻拿着积蓄，一起带娃。就这样，我成了全职奶爸。一家四口，平平淡淡地过着柴米油盐的生活。孩子们平平安安、快乐幸福地度过了婴儿时期，平平凡凡的我，在二宝准备上幼儿园的时候，决定要回归工作，或者做点事情了。

陷入低谷

这个时候，我的一位老同学找到了我，聊起了保险。她不是让我买保险，而是让我做保险，让我用理财规划、分析财务风险需求的方式来做保险。

在 2014 年的时候，保险并不像现在这样被大家公认是刚需产品，甚至是中高净值人群金融配置的首选。那个时候，还属于起步阶段。可想而知，对于前半生从来没有做过销售（很多人认为保险是销售，而不是像我刚刚说的理财顾问）的我来说，做保险的难度是非常大的。家人的不同意也全写在脸上，好好的世界 500 强外资公司经理不干，去干这种求人的事情。

幸好上天对我很好，一是我自己很认同保险，二是我认为我很专业（在外资公司工作了 10 年，系统的培训、职位的晋升、软技能的提升，让我变得逻辑性很强、沟通表达自如、善于项目管理），并且我有很好的服务意识，所以在刚开始的 3 个月，我都能顺利完成公司的任务，这也是我用初心、学习培训后的专业知识以及服务意识，为朋友们配置好了保险方案而换来的。

然而，3 个月以后，你以为一切就顺利了？不，并没有那么简单。在我们行业，任何时候，业绩都可以清零，要重新开始。就在这个时候，我终于感受到了压力，而且无所适从。我开始停滞不前了，没有业绩，连车险业绩也没有！那相当于没有收入。这种情况，对于一个要养家糊口的人来说，可想而知多么严峻。当时，带我入行的朋友，也没能帮什么忙，家人想劝我放弃，做回职业经理人。我仿佛感受到了，我就是我，被孤立的我，没有人同情和理解我，更没有人可以帮助我，我只有我自己。

就这样，我跌到了谷底。虽然很彷徨无助，不知道自己可以坚持多久，可内心有一个声音告诉自己"Ivan，你不可以就这样放弃！"其实，我知道，我们这个行业对客户来说，每一张保单都代表一种中长期的服务，并不是签完一单就结束了，反而，签完单才是服务的开始。如果理财顾问不管不顾,如果我就这样离开,那么客户们的单子就成为我们所说的"孤儿单"了。谁都不想成为孤儿,更何况是我入行没多久就这么支持和信任我的客户们,我怎么可以随便就放弃!所以,我的选择是学习,到外面去学习充电。虽然那个时候,家人很不理解,我们也因此争吵过、哭过,而且真的觉得很无力。难道是我选择错了吗?抑或我能力不行?怎么这么好的一个事业,他们不理解呢?我是不是很失败?

走向全球荣誉殿堂的秘密

学习,是一次灵魂的救赎。正是这一次学习,让我遇到了她。而正是她,让我从谷底走向了全球荣誉殿堂。她就是梦想清单。我在之前上课的时候,不知道什么是梦想清单,因为当时我上的是应用心理学,老师让我们画一幅画,描绘一个未来的场景,一个喜悦的、自己憧憬的场景,老师并没有说,这个就是梦想清单或者梦想板。

当时的我,虽然心情跌到了谷底,可内心还有渴望。我记得上完那堂课,我感慨万千,想到了入行时想尝试的雀跃,到有了第一份保单的时候,激动、兴奋、感恩,再到现在重新归零。不过,我真的不再像过去一样,觉得自己是平平凡凡的人,我似乎感觉到，自己想在这个行业有一席之地，也希望因为我的加入而让行业变得更好。于是，不知道是什么的驱使，我脑海里出现了一幅画，是这样的场景：背景是悉尼歌剧院，还有一望无际的大海，我就在歌剧院的前面打卡拍照，我渴望海，我喜欢远渡重洋。在歌剧院前面，并不仅仅只有我一人，而是有三组人：正面的是我和我的家人，非常开心；左侧一组是我最尊贵的客户朋友，右侧一组是我的小伙伴们。这就是我的构图。

这个画面一直停留在脑海里，久久不能忘却。那个时候并不知道，原来这就是梦想清单的雏形。它就像是一颗种子，种在我的心里，但我并没有理会它，我不像别人那样，因为它是梦想，我就开始买机票、凑钱、做攻略，我压根什么都没有做。我继续我的工作，相信只要努力工作，去拜访客户，谈理财规划，付出后一定会有收获。果然，我的保单又多起来了，业绩也好起来了。在不知不觉当中，我居然够得着我们行业全球的荣誉殿堂——美国百万圆桌会员（MDRT）了。当我知道，那届的会场居然就在澳大利亚时，我心想：天啊！怎么这么巧？！这不就是我之前上心理课的那个场景吗？我真的可以去澳大利亚悉尼歌剧院呀！太不可思议了！！！那是一个要坐十几个小时的飞机才能到达的国家呀，我真的实现了梦想！

当我参加完那次的全球荣誉高峰会议并游学回来之后，我回顾一下，觉得那幅画就是梦想板、梦想清单，太神奇了！没有为了画面中的场景去行动、直达目标,却可以因为事业的原因,到了那里!因此,我与梦想清单结了缘。我去找朋友打听,哪里有与梦想清单相关的活动可以参加。朋友告诉了我答案,于是,我开始每年参加一次梦想清单工作坊。这个活动的实现力太强大了,我后来结合自己的工作经验,制作了自己的梦想清单工作坊课件,在2022年成为正式认证的梦想清单讲师。我发现,就是梦想清单的力量,让我从低谷走向业界全球荣誉的殿堂,也实现了我心中的种种梦想:

(1)每年成为美国百万圆桌会员;

(2)带家人一年旅游两次,一次国内、一次国外;

(3)组建了我的核心团队,培养了两位经理;

(4)成立自己的工作室:iCAN互助工作室;

(5)举办梦想清单工作坊的活动,每年线下平均5场、线上1场;

(6)结识有智慧的创业导师、个人品牌导师;

(7)打造个人品牌,向导师们学习后,有自己的社群、课程、合伙人体系;

(8)学习内在探索、实修金刚智慧;

……

理财规划师或者有想实现的梦想的读者,都可以继续往下读,因为我会给你分享如何运用梦想清单的方法来实现梦想。

梦想清单，如何让平凡人逆袭

要点一：让心安定

首先，你要沉下心来，放下自己的焦虑和自满。

在给自己制作梦想清单之前，最重要的是你看待事情的心态。你是超级焦虑的，还是自满自大的，如果有这些比较极端的心态，你制作梦想清单时，不一定会出来很好的效果。因为你没有把心清空，要不就是负能量过多，不能愉悦地进入制作的状态；要不就是过于自信，对此不敬畏，也会制作得太草率。

要点二：高频能量

调整为高频喜悦的状态后，就可以进入书写和制作的过程。

调整好了，就需要真正动手开始去做。不要以为梦想的东西，在脑子里有了就可以了。很多人其实都有过梦想，为什么没有实现？大部分情况都是因为没有把它们写下来。《为什么精英都是清单控》里有一句话："把事情写下来本身就是一件充满力量的事情，光是知道自己可以做到想达成的小事情，就会有股力量推动着你继续前进。"你脑海里的梦想，都是飘浮的、很浅的；而在动笔之后，你是用了心力和能量，透过笔尖，写到纸张上的。这时候，如果频率到了，是有心流的，这就是为你实现梦想进行加码。制作梦想板，会容易找到令你怦然心动的图案和文字，来视觉化你的梦想。

要点三：甄别梦想

这点非常重要。因为很多人会把别人的梦想当作自己的梦想，比如，看到别人学习很厉害，就把成为学习达人当作自己的梦想；看到别人跑马拉松、健身、做瑜伽很酷，就把这些运动定为自己的梦想；还有人把一些兴趣爱好，如画画、书法、摄影、做甜点，变成自己的梦想清单。其实，是不是自己的梦想清单，最重要的是看自己是不是真喜欢，真愿意为了实现它而坚持。具体方法很简单，试试一个月后再去做，看自己喜不喜欢，两个月、三个月、半年之后，如果都能一直喜欢并付诸实践，那就可以把它纳入梦想清单的计划当中。

要点四：可视化

把写好的梦想清单摆在你可以经常看得见的地方，最好是每天都可以看到，甚至时时刻刻都可以看到，那是最好不过的了。我每年做好的梦想板，都会贴在我的办公室的墙上，我上班时能对着它。在家里，也会在餐桌旁边的墙上贴一个梦想板，吃饭时就会看到。我还教你们一招，就是在手机上也做一个电子版的梦想板作为屏保，这样就真的可以实现时时刻刻看见梦想板了。

要点五：精简数量

梦想清单不是写得越多越好，建议一年写 3 个就很好。因为梦想越少，越容易聚焦。

要点六：SMART 原则

相信很多人，尤其职场人士，一定知道什么是 SMART 原则，它是指绩效指标必须是具体的、可以衡量的、可以达到的、与其他目标有一定的相关性、有明确的截止期限（Specific，Measurable，Attainable，Relevant，Time-bound）。在书写梦想清单的过程当中，我想强调一下 Specific。很多人写梦想清单不具体，结果有可能梦想确实实现了，但是自己并不满意。举个例子，一个女生写梦想清单："我要找一个男朋友"。半年后，确实找到了，可是很快就分手了，因为她发现他是一个渣男。问题出在哪里？我想聪明的你一定看出来了，就是梦想写得太宽泛了——男朋友，到底是怎样的男朋友呢？对于外貌、个性、学识、家庭等等，都可以做更具体的描述。

要点七：梦想要大声说出来

制作好之后，一定要分享出来。以前，我们觉得梦想说出来了，就不灵验了；现在是梦想说出来了，越多人知道，就越容易实现，因为人性向善，大家都愿意帮值得帮的人。如果你的梦想足够宏大，利国利民、利人利己，那就会有很多贵人想要帮助你。

要点八：你最重要

不要写完、做完就算完。要实现纸上的梦想，你需要去分享、去行动，需要找伙伴来督促你，找老师指点你，要想方设法去扫清所有阻碍。

要点九：从小到大

很多人以为梦想清单上都是很宏大的目标和梦想，这个观点既对，也错。对，是因为我们当然可以设立宏大的愿景；错，是因为我们可以把大梦想分解成小梦想，甚至是微梦想。当我们把很多个小梦想实现了之后，我们会发现，自己的自信心就有了，不再畏惧、害怕了，就可以继续踏上实现大梦想之旅。

要点十：价值法

有些平凡人，可能真的没有想过自己的梦想，可能是因为从小到大，生活都比较舒心。这并没有什么不好，只是当很多生存层面的需求被满足之后，按照马斯洛的需求理论模型，一定会上升到追求更高层次的需求，直到实现自我价值。所以，对于暂时找不到梦想的朋友来说，可以试一下给自己"画饼"。在一张纸上画一个圆，把圆平分成八块，在里面填上你认为最有价值的八样东西。当你尝试梳理并写下来的时候，可能就找到你的梦想了。

平凡的我，因为梦想清单这个神秘的工具，人生实现逆袭，从低谷走向高峰。试试学习并运用这些要点吧，相信你也会和我一样，从平凡走向不平凡，从低谷走向你的荣誉殿堂。

第二章
看见价值

张炜

职业讲师
人社部创业讲师
培训师、个人品牌打造师
"翻转乾坤三阶联动"自媒体创业赋能
体系创始人

培训师花一份时间可以获得多份收入

我是张炜,从传统行业到自由职业,从企业内训师到培训师、个人品牌指导师,从打工人到企业创始人,我用了近10年的时间。

身边的人都说我是事业心很强的女性,但我自己知道,家庭对于我来说,也很重要。我总结出了让女性同时拥有家庭与事业的平衡术,我想把这一切复制给跟我有一样梦想的你。女性不仅能学习知识、得到成长,还能拥有一份事业、保持经济上的独立。我邀请你来听我的故事。

误打误撞，初步接触培训行业

"时间自由，走遍祖国大好河山，一天还能赚一个月的工资"。带着这样的想法，8年前，我走进了培训这个行业。

当时，我在一家人力资源公司上班。在家人、朋友的眼里，那是一份可以干到退休的工作：朝九晚五、周末双休、年底双薪、五险一金、持有分红，还很轻松。可是，我并不满足，总觉得自己提前进入了退休的状态，人生一眼看到了头。

我在从事人力资源管理工作时，接触了很多企业培训师。在与他们聊天的过程中，我得知他们的收入是按小时计费的，一天的收入相当于我一个月的收入。我大学毕业后的第一份工作就是做企业培训师，现在想想，自己能坚定地走上培训的道路，还得感谢那次为期3个月的培训师从业经历。尽管十几年过去了，但当年的情形还历历在目。

2008年，我大学毕业，去人才市场找工作时，非常幸运地碰到了一家公司的董事长亲自面试。那会儿，我应聘的是人力资源专员的岗位，董事长看完我的简历，问了一个问题："你敢不敢在我们全厂人面前讲话？"我没有回答，反问道："你们全厂有多少人？"他说："200多人。"我回答道："那有什么不敢的，我们学校有3万多人，我都敢在台上讲话。"于是，对话结束后，我成了一名企业培训师。后来有想转行做培训师的学员问我如何成为培训师时，我说："第一个要做的就是心态建设——胆子大，脸皮厚。"

到了这家公司后，我发现这个岗位是新设立的，我的上级是管理工厂人力资源的主管。他没有做培训师的经验，需要靠我自己摸索，于是我开始思考该怎么办。首先，我研究了一下公司的岗位设置。在工厂里，有车间和办公室的员工，还有各级管理人员和高层领导。我意识到需要根据培训对象，对培训内容和培训方式做分类。虽然我不知道当时这个想法是如何产生的，但是实践起来，发现竟然是对的。

我开始着手进行分类别培训：车间人员的培训课程是一些关于感恩、团队凝聚力以及工作态度和心态方面的课程；办公室的文员，给他们上的是一些通用管理类的课程；中层管理人员，如车间主管和办公室主管，给他们上的是管理类、领导力类的课程；至于高级管理人员，比如总经理，我会提供一些关于领导力和战略管理方面的视频。我就这样，开始了培训师生涯。

专业的事情需要专业的人，正式进入培训行业

现在回想起来那 3 个月的培训师经历，当时做的不就是培训需求调研、课件的开发与设计、课堂呈现吗？只是没有专业老师

的指导，对培训效果也没有工具进行检验。由于没有专业老师引路，也不知道培训师的发展前景怎么样，所以在离开公司回长沙后，我就没有继续从事培训师工作，而是做了人力资源管理的工作。

可能当时已经在心中种下了当培训师的种子，在 2015 年的时候，我在跟几位学姐的聚会中得知，她们都是商业培训师，经常到全国各地讲课，时间自由，一个月的收入甚至相当于别人一年的工资。于是，我到北京、上海参加培训师师资班，学习专业知识，融入培训师的圈子，正式走上了培训的道路。

作为一位培训师，需要具备一系列的技能，才能有效地传达知识、激励学员和取得良好的教学效果。以下是一些关键的技能，以及提升这些技能的方法，相信对想成为培训师的你一定有用。

（1）演讲技巧。语言表达能力对于教学效果至关重要。培训师需要能够清晰、流畅地演讲，能够准确地传达信息，同时能吸引学员的注意。如何做到呢？练习演讲。可以在镜子前或者在朋友、同事面前进行演讲，以评估和改进自己的演讲技巧。同时，阅读相关的书籍和文章，学习如何更好地传达信息。

（2）课程研发与教学方法设计能力。需要能够合理地组织和规划课程，使学习过程具有逻辑性和系统性。如何做到？在设计课程时，要从学员的角度出发，将课程内容分解为易于理解和消化的部分。同时，为每个部分设定明确的学习目标，并规划相应的学习活动。

（3）课堂互动能力。良好的互动能够促进学员的参与和思考，提升学习效果。作为培训师，需要掌握一些互动技巧，引导学员积极参与学习过程。如何做到？观察优秀的培训师是如何进行互动的，或者参加相关的培训课程。同时，可以在自己的课堂上进行试验，不断总结和改进自己的互动技巧。

（4）创新能力。需要不断更新教学方法和内容，以保持教学的吸引力和有效性。如何做到？持续学习和关注最新的教育技术和教学方法，同时，尝试将这些新的方法和技巧应用到自己的教学中，不断试验和改进。

（5）评估能力。需要能够有效地评估学员的学习成果，以及教学效果的优劣。如何做到？设计合理的评估方式，包括测验、作业、报告等，以全面了解学员的学习情况。同时，及时收集学员的反馈，以不断改进教学方法和内容。

（6）良好的心理素质。需要具备应对压力和不确定性，以及处理突发情况的能力。在面对学员的质疑、挑战或批评时，需要有足够好的心理素质来保持镇定和理性。如何做到？练习冥想和放松技巧，以提高自己的心理素质。同时，在面对压力和挑战时，可以采用积极的应对策略，如深呼吸、短暂的自我调整以及与学员进行开放、诚恳的沟通与交流。

（7）持续学习的态度。需要不断地更新和提升自己的知识和技能。这不仅有助于提高教学质量,也能向学员展示专业素养和对知识的热情。如何做到?设定个人的学习目标,并定期投入时间和精力来实现这些目标。可以通过上培训课程、阅读专业书籍和文章、向名师学习或者参与行业活动来保持自己的学习状态。

总的来说,作为一位优秀的培训师,需要不断地提升自己的各项能力,也要持续地努力和实践,还要不断地反思和学习。通过这样的努力,才能够为学员提供更高质量、更有价值的培训体验。

紧跟时代步伐,打造个人品牌

拥有以上技能,就能拥有源源不断的课程吗?答案是否定的,做任何事情都需要天时地利人和。

2015年—2019年,因为才入行,没有经验,我的课程单价和数量都上不去,根本就达不到开篇讲的"一天赚别人一个月的工资",真是验证了那句话"理想很丰满,现实很骨感"。培训师的收入主要依赖精力和时间的投入。如果没有讲课,就没有收入,即一份时间只有一份收入。于是,我就想,怎么做才能让一份时间有多份收入呢?这时,吸引力法则应验了,当你笃定要去做某件事情的时候,老天一定会给你安排的。

2019年7月份,我接触了Angie老师,她出版了《副业赚钱》这本书，经她点拨，我走到了线上知识变现的赛道上。线下课程作为我的主业，线上知识分享作为副业，两者相结合，初步实现了我一份时间有两份收入的想法。但是，疫情的出现，对于培训行业来讲，是一个很大的限制因素。大型聚会活动都被取消，培训师只能待在家里，我的线下收入直接变为零，全靠线上知识变现。这时，Agnie老师就建议我要注重个人品牌打造。

当今，培训师打造线上品牌已经成为一种趋势。线上品牌不仅可以增加知名度和影响力，还能为个人或企业带来更多的商机和收益。如何成功地打造个人线上品牌呢？需要具备以下几种能力。

（1）明确定位和目标受众。首先，培训师要明确自己的品牌定位和目标受众。这包括思考自己的专业领域、特长和优势，以及目标受众的需求和痛点。通过精准的定位和目标受众分析，培训师可以更好地把握市场需求，为自己的品牌找到独特的立足之地。

（2）提升写作能力。在线上品牌建设中，内容创作是至关重要的环节。培训师需要具备优秀的写作能力，包括文案创作、写公众号文章、社交媒体更新等。好的内容可以吸引更多的目标受众，提高品牌知名度和影响力。为了提升写作能力，培训师可以定期阅读优秀的行业文章、参加写作培训或借鉴成功品牌的文案风格。

（3）营销策划能力。线上品牌建设需要使用系统的营销策略。培训师需要了解基本的营销原理和方法，如定位、市场细分、竞品分析等。通过合理的营销策略，培训师可以有效地吸引目标受众，增加品牌曝光度和用户黏性。

（4）社交媒体管理能力。社交媒体是线上品牌建设的重要平台之一，培训师需要熟悉各种社交媒体平台，如微信、微博、抖音、小红书等，并定期发布有价值的内容，与受众互动。需要掌握一定的社交媒体管理技巧，如内容规划、发布时间、互动反馈等。此外，还可以通过跨平台合作、举办线上活动等方式扩大品牌影响力。

（5）持续学习和创新。关注行业动态和技术发展趋势，不断学习和更新自己的知识和技能。尝试新的方法和策略，如短视频制作、直播互动等，以保持品牌的竞争力和吸引力。

通过以上方法和技巧的实践应用，培训师可以更好地打造线上品牌，提升个人或企业的影响力和竞争力。同时，不断关注市场变化和发展需求，持续改进和更新品牌策略及内容创作方式，确保品牌能够长期发展。在线上，取得成功的重要一步就是将你的专业知识和热情与数字营销策略相结合。

线上线下相结合，掌握家庭、事业平衡术

一份时间有多份收入，并不是无限制地叠加变现渠道，而是

立足于自己的专业或擅长的领域，打造适合自己的商业变现闭环。比如，我有很多种身份，人社部的创业讲师、企业内训师、培训师、个人品牌打造师，而这几种身份都是跟培训相关的。

我现在的侧重点还是在线下授课，有非常丰富的培训经验，那我的个人创业的商业闭环是什么呢？立足于培训这个专业，不需要额外地花时间、花精力去研究其他的行业。

只要上好每一堂课，萃取最有用的培训经验，结合创业和个人品牌打造体系，形成关于孵化培训师个人品牌的商业闭环。

如果你希望快速提升培训技能、授课的硬实力，可以通过线上打造好课程，迅速实现产品变现；通过系统学习，改善企业内训效果。欢迎你与我同行。

我将毫无保留地为你提供个人高光定位、变现路径规划、体验活动设计、社群交付指导、行动路径定制、授课技巧传授、公域流量打造、培训方案设计、线上课程设计、直播文案变现十大领域的指导。

俗话说："读万卷书不如行万里路，行万里路不如阅人无数，阅人无数不如高人指路。"一个人走得快，一群人走得远。现在是一个资源整合、相互合作的年代。朋友，看到这篇文章就是我们缘分的开始，你可以扫一扫我的微信二维码，一起来探讨关于培训师这些事。请相信，人人都能成为知识变现分享师，让我们一起掌握家庭幸福、事业长虹、个人成长的铁三角稳定术。

宗煜珈

个人品牌打造师
轻创业导师
私域变现商业顾问

当你对起来,全世界都会对起来

上野千鹤子老师说:"无论何时,女人的人生中都有数不清的乐事等待着我们去发掘。"

我无比赞同这句话。女人的人生中有着无数的乐趣,重要的是自己对了。当你自己对了,什么都会对起来。

现在的我觉得越来越幸福,也会发自内心地感到喜悦。老师、朋友对我说:"非常开心看到你越来越好。"我的人生进入了正向循环。

一个朋友对我说,看你现在的状态越来越好,你的亲密关系也很好,一定是因为你遇到了对的人。演员朱珠有一次在采访中说:"在对的时间遇到对的人,是因为自己对了。"那个时候,她状态特别好,拍了很好的戏,然后觉得自己很值得,要奖励自己,自己很爱自己。遇到很好的人,不仅对方爱自己,自己也有能力爱对方。

我的观点是,人的整个状态好,并非遇到了对的人,其实是**因为遇到了对的自己。**

自己对起来,其他东西也会跟着对起来。

现在的我,做着自己热爱的事业,收入是原来的几倍。身心健康,成功瘦身 20 多斤,精力水平比原来有所提升,并且越来越爱自己。与男友关系亲密,双方共同成长,彼此独立,也互相认可、欣赏、支持。每天都在成长和进步,拥有优秀的导师和沉浸式成长的圈子,建立了多种收入渠道,收入没有天花板。

我很满意目前的状态,有人爱,有事做,有所期待。

很多小伙伴觉得我目前理智又清醒,但是,你想不到 5 年前的我是什么样的。

几年前的我,和别人有着差不多的人生活法。

好好学习,大学毕业之后,做一份能养活自己的工作。接下来的人生,应该就是找个男朋友,结婚生孩子,做一个好妻子、好妈妈,然后平凡快乐地生活下去就够了。

大多数人的人生都是如此。

然而,大多数人的人生就适合我吗?

我问自己几个问题:"我想要过怎样的一生?我要做什么工作?我想年薪多少?想要什么样的亲密关系?"

通过问自己这几个问题,我明确了自己不想成为别人的螺丝钉,而是要把时间、精力都花在自己身上。做我热爱的并且能让我越来越有价值的、收入没有天花板的事业。

在情感上,我需要的是彼此欣赏、共同成长的伴侣,而不是一个"长期饭票",只看中我的生育价值、只想两个人搭伙过日子的人。

人生是精彩的,不应该局限于标准的模板。短短几十年,我想去体验适合我的有趣的人生活法。

就这样,我的叛逆人生开始了。

第一次叛逆:找了一个外国男友。

随着我年龄增长、认知增加,我越来越了解自己。因此,在恋爱方面,我按照自己的想法,找了一个又高又帅、又有才华、会欣赏我、鼓励我、支持我的外国男友。

我想要的爱情,实现了!

第二次叛逆:离职,做起了自由职业。

2018年年底,工作遇到瓶颈,身心健康都受到了威胁,在多重压力之下,我感到所有的事情都糟糕透了,这不是我想要的生活,所以毅然选择离职,开始了我的自由职业之旅。

离职之后,我首先关注我的健康,减掉了多年的"压力肥"。

我边减肥边在朋友圈分享,结果有人咨询,就很自然地打开了一个收入渠道,被动成交。

同时,由于我在一个女性情感群里当班长,经常在群里给姐妹们分享我学到的知识和答疑解惑,结果被大家肯定、喜欢,帮助他人的感觉太好了。

后来,我学习了写作和知识付费,把自己的兴趣爱好、经验和学到的知识做成咨询产品,进行价值变现。

我想要做的自由职业,真的实现了!

第三次叛逆:做自己喜欢的事。

再后来,我遇到了 Angie 老师,系统地学习了个人品牌打造。

我找到了适合我的高价值的定位,就是个人品牌打造师,并且帮助 100 多名小伙伴成功打造个人品牌,我特别开心和喜悦。

它满足了我对于我想要做的事情的所有幻想。

(1)我非常热爱做教育。

(2)我的能力不断提升。

(3)时间自由,空间自由,活法自由。

(4)高质量的圈子。

我要做热爱的事情,实现了!

就是这一次次的叛逆,让我找到了对的自己,因此我的内心充满喜悦。

如何找到对的自己,这里给大家分享几个要点。

对的信念

打破自我设限，拥有对的信念，发现自己的可能性。

我小时候就有一个作家梦，写作能力也被老师、同学夸，但是我那时候不敢，觉得自己不够好，因此就没有投过稿。直播很火的时候，我想做直播，我爸妈对我说："你的口才不行。"

自我设限，就是会受环境的影响，会被周围人或者自己给自己贴上负面的标签限制。

当你觉得自己不行的时候，那是在给自己下诅咒。

我和我男友无话不谈，我非常喜欢和他分享我对于一些事情的看法。

有一次，我和他侃侃而谈的时候，他微笑地看着我的眼睛，对我说："亲爱的，你的眼睛在发光，你可以去做演讲。"

演讲？我从来没想过，首先我的声音并不出众，从小被我妈打压，她总说我口才不行，嘴皮子不厉害。

我可以吗？

我非常感谢男友，他捕捉到了我身上的闪光点，以及发现了我的更多可能性。

我通过学习和实践，一步步地突破了很多自我限制。

头脑层面

多去看自己身上的可能性,想办法鼓励自己,给自己寻找资源。去看一些成功的例子,相信自己是可以的。

我的老师 Angie 说过:"当你把目光放在你拥有的事情上时,你会越来越丰盛;如果你把目光放在你没有的事情上,你会越来越贫瘠。"

所以,当你正向地挖掘自己的时候,会发现自己是一个大宝藏女孩,可以有 1000 种可能性。

用行动去改变

只有真正地行动起来,大脑才会不断地收到正向反馈,从而促使我们拿到结果。

这样,就会真正地打破自我限制。

重视潜意识

信念还包括潜意识,有一句话是这样说的:"当你的潜意识没有被察觉的时候,我们称之为命运。"所以,我们还要注意潜意识层面,最基本的做法就是察觉自己的语言系统,尤其是脱口而出的话,多说正向积极的话。

对的情绪感受

情绪感受决定了我们愿望达成的速度。正面的、积极的情绪，会帮助人心想事成。

我现在常常会觉得充满喜悦，因为以下这些原因。

更加擅长情绪管理

情绪管理不是让自己不要有任何情绪波动，而是在有情绪的时候，去观察和挖掘情绪背后未被满足的需求，记录下来，从而更加了解自己，帮助自己疏导情绪，不积压负面情绪。

更加爱自己

很多人怀疑自己，觉得自己不够好，因此什么都不敢做，也不喜欢自己。

学会更加爱自己之后，不找借口，不怪命运，更要无条件地保持自信，知道如何应对挫折，大胆地争取属于自己的机会，知道自己的价值，不要有不配得感。

要遵守一个原则：**行为上，严格要求自己；语言上，永远支持和爱自己。**

正向焦虑

大家常常会遇到一个问题，就是容易焦虑。自从我学会一个方法之后，就可以和焦虑和谐共处，减少内耗。它就是我的创业导师 Angie 老师教我们的一个方法，叫作正向焦虑。不是不要焦虑，而是把注意力放在解决问题的办法上。

只专注于解决问题，大脑不断接收正向反馈，逐渐进入正向循环。

高质量借力

近朱者赤，通过高质量借力，给自己赋能，比如，找到一个好的导师，进入一个好的圈子。不断地学习，提高自己的认知。

做自己热爱的事业

一定要做自己喜欢的事情，因为喜欢，可以生出创造力。

做自己喜欢的事情，是可以心甘情愿地为之加班加点的。同时，因为喜欢，更有力量去面对挑战和有勇气去克服各种困难。可以通过先天优势挖掘、后天发展爱好去找自己热爱的事情。

对的行动

如今，越来越多的女性看到了自己的价值，越来越懂得自己要的是什么。

我们可以不按照社会标准和他人期望去活,做自己的命运之主。人的活法是多元的,按照自己的需求,选择适合自己的生活方式。

勇敢地选择自己要的,拒绝自己不要的,就是对的行动。

我通过不断的行动,收获一个又一个满意的结果,这种感觉太棒了!

做自己的英雄,做自己人生中的主角。

青春期的时候,我特别喜欢一部偶像剧《王子变青蛙》。剧中的女主有一次在被人刁难、遇到困难的时候,说道:"好想有一个王子来拯救自己?"

我曾经也很绝望,有一次哭着和我的朋友说:"我好累,为什么我的一切都只能靠自己?"

后来,我的情感老师说,靠自己并不是一件令人无奈的、不好的事情,而是一件多么甜蜜的事情呀。这说明主动权在自己手中,自己掌控自己的命运,人生的精彩全部由自己创造,这多么棒啊。

我因而明白:靠自己不是没有力量,靠自己充满了力量和无限可能。

也只有靠自己,才是最靠得住的。

我们才是自己的盖世英雄,我们要做自己这部剧的大女主,不做等待王子拯救的灰姑娘，也不做牺牲自己、成全他人的美人鱼。我们可以对内是宠爱自己的公主，对外是披荆斩棘的女王。

很多女生在特别年轻的时候，不知道自己的好，盲目地去迎合他人，导致迷失了自我。

当我们找到了自己，看见了自己的力量，我们会发现，每个独立的个体都闪闪发光！

找到对的自己，接受和拥抱自己的全部。

我就是通过不断地了解自己，找到了越来越对的自己。

勇敢选择适合自己的亲密关系、职业和人生活法，接纳，专注，人生拥有无限可能。这让我的人生进入正向循环，对自己越来越有信心。

如今，我会继续探索自己，未来还有无数的美好在等待着我。

当有自己的内核，自信，积极，有自己热爱的事业，有自己为之奋斗的目标，有一往无前的冲劲，有无所畏惧的勇气，有开放与包容的心态时，自然会越来越闪闪发光。

大胆一点，找到对的你，活出对的你。

当你对了，全世界都会对起来。

海婕

生命成长教练
人生平衡家
创意旅行家
筑梦读书会创始人

大胆做梦,你也可以

你好,我亲爱的读者朋友,我是海婕,一个热爱生命并且喜欢探索生命更多可能性的女孩。33岁的我跟大部分的职场人一样,过着两点一线的生活,每天勤勤恳恳地上班下班,回家带娃,生活充实而忙碌。然而,因为公司的调整,我的工作任务时常发生变化,导致我的内心产生了动荡。

在一个夜深人静的夜晚,我不禁思考自己想要什么样的人生,我存在的意义是什么,我想要给这个世界留下些什么。如果这一生就这样过的话,我是否会后悔?答案是肯定的,于是我决定给自己放个假,去大理旅行一段时间,重新去思考自己人生的意义。

我明白我并不想把工作当作显示我价值的唯一方式，我更愿意把这个世界当作一个游乐场，而我可以在其中尽情地玩耍。生命不止一种活法，还有更多的精彩等着我去发掘。没想到，我精彩的人生从此拉开了帷幕。

记得年初安姐在带着我们做梦想清单的时候，我其中的一个梦想就是希望自己能出一本书。当时我在杂志上找图，找不到什么太合适的图片，最终只找到两个男人拿着书，坐在凳子上，有点像在办签售会的场景。没想到，这个梦想真的以出合集的方式实现了。说起来，是不是蛮神奇的？

说来也奇怪，我总觉得我梦想成真的能力挺强的，小到一个快递，大到一个财富目标，只要我对这个目标是笃定的、充满信心的，那这个愿望便会实现。

先不用急着羡慕我，梦想成真这件事你也可以做到。接下来，我就跟你分享一些实现梦想的方法。

培根在《习惯论》里指出："思想决定行为，行为决定习惯，习惯决定性格，性格决定命运。"可见敢想是一个多么重要的能力，你只有敢想，才有实现梦想的可能性。

我建议你可以在一个阳光明媚的下午，在安静的房间里，拿出你的纸和笔，大胆畅想关于你想要的生活的一切。在这个过程中，你尽可能大胆地想，不要设限，也不要给自己附加任何条件。

接下来，请挑出最让你心动的 3 个梦想。如果一开始不知道该怎么选择的话，可以一条条对比。比如，A 跟 B 梦想，哪个你更想要实现？哪个愿望更迫切，你就留下哪一个，把另外一个划掉，直到最终只剩下 3 个。

为什么要这样做呢？因为如果一次性制定的梦想清单太多、太宽泛，那么你很可能就没有那么聚焦，也有可能你就把这张纸束之高阁，放到一边去了。但如果只有 3 个的话，你的目标就会非常聚焦，也清楚自己在做什么。而且这样的筛选过程，也是在一遍遍地问自己的内心，对于当下的自己来说，什么才是最重要的、最想实现的。

然后，为你的 3 个梦想制作梦想愿景板。找一张纸，再把与你梦想相符的图片贴在上面。比如说，我是看了电视剧《去有风的地方》后，对大理非常向往，于是我就找了一张关于白族民居和洱海边风景的图片，我一看就非常想去。再把这张图片放在显眼的位置，这样便可以每天提醒自己梦想是什么。每天在看这个画面的时候，会把它植入潜意识中，种下让梦想成真的美好种子。

你知道如何把梦想这颗种子种出来吗？这里，我想跟大家分享一个方法，它叫种子法则。我曾经用这个方法，只投一份简历就找到了理想工作、达到了我的财富目标、升级伴侣关系……所以，如果你想要实现自己的梦想，那么你一定要看看我是如何通过以下四个步骤去实现自己的梦想的。

（1）细化你的目标。

有朋友觉得奇怪了，刚才明明已经让我花了大量的时间去做梦想清单，为什么还有这样的一个步骤？那是因为刚才我更多的是让大家去畅想自己的梦想，那么现在我们就要把梦想具象化，这样可以帮助我们更好地实现梦想。

现在，我们要用美国管理大师彼得·德鲁克的SMART原则来细化一下我们的梦想。

S——具体的（Specific）。

比如说，你想带着一家人去大理旅行，那么你想什么时间去、住在什么地方、需要多少钱等等，这些都是需要考虑并制定计划的。还有人说，想要实现财务自由，财务自由这个词是非常笼统的，每个人对财务自由的定义也是不一样的，所以要把目标定得更具体一点，比如每个月的被动收入要达到多少钱，或者是在一线城市有房、有车等等。

M——可衡量的（Measurable）。

你设定的目标一定要是可衡量的、可以评估的。比如说，你认为的财务自由就是被动收入大于你的家庭每个月的支出，那你就要核算出每个月具体的开销是多少，然后取一个平均值。这样，你每个月对于怎样完成目标会有一个清晰的概念。

A——可实现的（Attainable）。

设定目标时，可以先设定一个自己跳一跳能够得着的目标，并且是可以真正落地执行的，而不是一个你写出来都感觉实现不了的目标。当然，你除了设定这个跳起来能够得着的目标以外，也可以设定一个不设限的目标，说不定结果真的就超出了你想要设定的范围。

R——相关性（Relevant）。

当我们想实现财务自由时，其实我们想到的不一定是钱本身，而是财富给我们带来的价值，比如时间自由、能够更好地陪伴家人、给父母更好的生活、去帮助更多需要帮助的人……所以看起来你想要财务自由，其实后面还有更多的连带价值。同时，也要思考一下这个梦想是不是符合你当下的人生节奏，或者你想要的人生状态。

T——有时限的（Time-bound）。

"等我有钱了以后，等我有时间了以后……"当我们这样说时，梦想可能真的遥遥无期了。为你的梦想加个时间期限，并且在这个时间期限内去努力实现它，这样你会更有动力。没有理由把自己的梦想无限延期，人生很短，我们要大胆地活、尽情地活。

（2）找到一个同样想实现这个目标的伙伴，制定计划帮助他。

为什么要这么做？因为根据种子法则，我们想要什么，就要帮助他人得到什么。我们只有在他人身上种下种子，才有可能实现自己的梦想。

请去帮助同样想要实现梦想的小伙伴，要注意你们的梦想要是相似的。比如，你想实现财务自由，而他也想实现财务自由，这样，你们会更聚焦，也更有力量。

（3）付出实际行动帮助他。

你们可以一周约谈一次，聊聊彼此实现梦想的进度。在沟通的时候，可以帮助对方梳理当前遇到的问题和卡点，用自己的方式去帮助他。

注意，你要做的就是把对方的梦想当作自己的梦想一样去帮助他，至于最后对方是否能实现梦想，这个就不在你能够掌控的范围内了。只要你在这个过程中，用心帮助对方，那么种子便已经种下了。

（4）为自己做过的好事而感到开心。

每天晚上睡觉前，你都可以开心地去回想今天做了哪些支持他人的事情，种下和目标相关的好种子，并由衷地为自己感到高兴，甚至你可以自由地去畅想自己实现梦想后的场景，最后美美地进入梦乡。

读到这里，可能有朋友对怎么做还是不太明白，那么我就分享一下我自己是如何在做了两年自由职业之后，投出第一份简历就找到了理想工作的经历，希望可以帮到你。

> 真希望你像我一样只取悦自己

首先，我确定了自己的目标，并且列了一个理想工作清单，包括行业、办公地点远近、薪资福利等等。你也可以先认真想一想，自己的理想工作是怎样的。注意在这个过程中，不要给自我设限，大胆地想象你理想的工作状态就可以了。注意你的目标要明确，比如说，在几月几日前找到理想工作。

其次，找到跟你有同样目标的伙伴，帮助他找工作，比如说帮他物色适合他的工作岗位、给他的简历提出修改建议等等。在找工作之前，我同时在做三四个项目的义工，而这些项目都是关于服务智慧的，我做的服务内容比较多，像视频剪辑、做海报、写文案、社群维护等等都做过，这在无形中种下了好种子。当时，我上了一个关于金钱关系的课程并且在里面担任义工，那个课程需要学员们两两配对，去帮助彼此达成目标，我帮助了很多小伙伴去找到他们的互助伙伴，种下了很多撮合的好种子。找工作正需要撮合的种子，就是帮助企业或者个人找到与他们匹配的对象。同时，我在另一个学习智慧的读书会社群里，也主动去找互助伙伴，询问谁想要找工作，可以互相帮助。当时有三四个小伙伴需要找工作，我就建了一个群，帮助他们去梳理目标，因为很多伙伴都刚接触学习智慧，对这个体系还不太熟悉，我一对一地帮他们梳理自己想要实现的目标到底是什么，发现有的伙伴想要偿还债务，有的伙伴对目前的工作不太满意，所以想换……

最后，在我决定年后开始找工作后，我刻意去种一些好种子，比如说在朋友圈主动转发一些公司的招聘启事，帮助他们找到合适的人选。晚上睡觉前，做一个好事回想，想想今天种下了什么帮助他人找到理想工作的好种子，想象自己已经在一个理想环境里面工作，想得越详细越好。

过完年后，我在一位朋友的介绍下，知道了有一个助理兼运营岗位的招聘信息，于是我就投了简历，跟老板聊了一下，觉得蛮符合我的预期，并且老板对我挺满意的，便顺利地入职了。

我分享完这个故事，你是不是更有动力和信心了呢？相信我，只要种下种子，你也可以像我一样，实现你的梦想。

李欣频老师曾经说过："你在行动之前，先想象'我做到了'的状态，你就会知道自己可以做到的制高点在哪，再来倒推自己要做些什么。用'我有什么，我可以……'的富足思维，取代'我缺了什么，所以没办法……'的匮乏思维。"

这个方法同样适用于我们的梦想清单。比如说，你的梦想是环游世界，那么就先想象自己此刻就是环游世界的旅行家，那么作为一个旅行家，你会有怎样的行动和看法，可以通过怎样的方式去实现这个梦想？当你代入了这个状态之后，将关注点放在我拥有什么上，思维就会变得不一样。

有一句话是这么说的："梦想不是预知未来，而是创造未来。"世界上最大的遗憾不是我没做到，而是我本可以。世界是我们的游乐场，请大胆地活，你的人生可以因为梦想而变得不一样。

黄艺霞

资深职业规划师
盖洛普全球认证优势教练
斯坦福大学设计人生教练

没有人生而平凡，除非你甘于平庸

我是艺霞，通过生涯规划帮助了 1000 多名学员看到充满希望的未来，自己也过上了理想的生活。

我在短短两年内，获得了 2020 年全国十佳生涯规划师的称号，通过了盖洛普全球认证优势教练、斯坦福大学设计人生教练认证。看着这些闪闪发光的头衔，可能你会认为我一直很厉害，其实并不是。看完我的故事，你也可以像我一样去拥抱美好的人生。

曾经的我，是个"小透明"，各方面平平，没什么核心竞争力，升职加薪无望，不知哪天就被取代了；

曾经的我，像只丑小鸭一样，希望出人头地，成为众人羡慕的对象，但没能力、无资源，也无方法，感觉只能绝望地泯然于众人之中；

曾经的我，不知道自己人生的意义和价值是什么，每天忙忙碌碌，看似很努力，却不知为何努力，眼神迷茫而无焦点，夜深人静时更是舍不得睡去，通过看穿越小说来填补心中的空虚；

曾经的我，不知道自己喜欢什么、擅长什么，每天都想着，我要是做着自己喜欢的工作该多好啊，每天一觉起来，就能干劲满满地做着自己喜欢的工作，晚上带着微笑睡去。

……

用1个工具帮你制定不焦虑的发展策略

人生没有一蹴而就的奇迹，点点滴滴都是折腾的结果。在等待奇迹出现的那2年多里，我发现等、靠、要不能改变我的境遇，我突然想起我的导师跟我说过一句话："没有人生而平凡，除非你甘于平庸。"于是我开始主动走出去，探索未来。

也就是在这一年，我了解了职业生涯规划师这个职业，接触了生涯规划理论，我利用生涯发展三阶段理论，将自己的情况做了个梳理。

生存期：一般处于职场新人阶段，收入不能满足你的支出或刚刚满足你的支出。这个阶段的主要任务是挣钱，实现经济

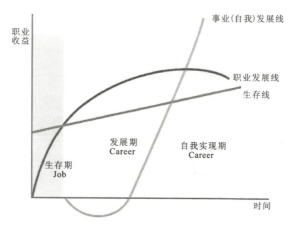

生涯发展三阶段

独立。

发展期：一般在职场耕耘了 2—10 年，随着能力的提升，收入在增加，慢慢地，收入大于支出，有了结余。开始有机会去追求更大的发展，获得职业上的成就感和他人的尊重。这个阶段的主要任务是在提升职业能力和寻找资源的同时，开始对自己的事业探索进行投资，发现自己的天赋和优势等。

自我实现期：一般工作 10 年以上，因为在发展期，人们会寻找自己热爱的事情，持续投入时间、金钱来提升能力，并慢慢地去变现。当有一天，热爱的事业回报高于自己的生存线时，就进入了自我实现期。这个阶段的主要任务是将重心从职业发展线转移到事业发展线，逐步实现自我价值，并为社会贡献自己独特的价值。

当时，我发现自己正处于**发展期**，知道自己的核心任务是：①发展，培养核心竞争力和积累资源，获得职业上的晋升和进一步的发展机会；②探索，探索自己热爱什么，做什么事能让自己更开心、更投入，慢慢地在自己喜欢的领域投入时间、精力和金钱，提升能力，探索更多的职业可能性。

有了这个认知后，我开始规划我的职业发展方向和能力提升重心，以下是我的学习发展路径。

2012—2016 年，报考了注册人力资源管理师和 MBA，开始周末高强度学习的日子，同时将学到的知识用于企业实践，成为企业的招聘专家、薪酬绩效专家，并晋升为部门主管。

2016—2018 年，继续努力，在晋升为中层管理人员的同时，开始系统学习职业生涯规划的知识，成为通过认证的职业生涯规划师（中级）。通过各种机会找案源实践，参加咨询师督导团，最终在 2018 年成为猎聘网的求职顾问和职业生涯顾问。

2018—2019 年，探索自由职业，半年后以失败告终，回企业继续发展并储备资源，继续在猎聘担任职业生涯顾问，持续积累客户资源并继续在主业上谋发展，成为 HRD（人力资源总监）并直接向总经理汇报工作。

虽然自由职业的探索以失败而告终，但我也收获了一笔不小的财富——我通过理想职业模型和盖洛普优势，确定了我的理想职业，找到了人生使命。

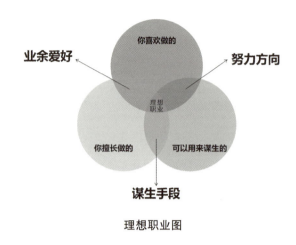

理想职业图

用 2 个工具帮你找到人生使命

以当时的我为例,我喜欢做的:招聘、访谈、助人、项目管理、团队管理、咨询、演讲、看小说、打羽毛球;擅长做的(能达到职业化水平的):一对一沟通、咨询、管理;可以用来谋生的:咨询、管理。

大家可以看到我的理想职业图,喜欢做的、擅长做的和可以用来谋生的这三者的交集即理想职业,我的理想职业是管理和咨询。当时,我面临着一个重大的职业选择:是坚持我热爱的生涯规划方向,还是去追求一份符合社会标准的工作?我非常纠结,非常痛苦,体重一度瘦到 100 斤以下,但还好我没有放弃,一路怀疑,一路前行,慢慢积累自己的专业能力和社会声望。

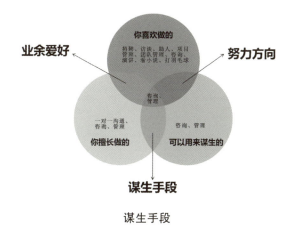

谋生手段

我真正决定要做生涯规划师，其实是因为受到了一个事件的影响。

那是在2018年，我的单次咨询价格已经涨到了698元、案例咨询1980元。有一位客户来找我，具体的细节我已经记不清了，但他的困扰我记得很清楚：**想换工作，又担心自己没有足够的核心竞争力，不知道如何在简历中展现自己的优势，更不知道如何在面试中给面试官留下深刻的印象。**

我帮他梳理了人生经历，找出了他的独特优势，并辅导他优化了简历。我帮他在每段经历中都梳理出5—6条呈现他能力、特质的关键信息。在项目经历部分，我也帮他从众多项目中筛选出了最具价值的3个项目。

整个过程结束后，他对自己有了全新的认识，这让他感到非常兴奋。他从原来觉得自己能力普通、没有什么独特优势，到找到了自己真正擅长并热衷的地方。他颤抖着嘴唇跟我说"谢谢",反复说了好几次,我永远都不会忘记那一刻的感动,那种深深的满足感和喜悦充满了我的内心。

那次咨询犹如打开了某个神秘开关,自那以后,所有付费咨询客户在咨询结束时,都会跟我真诚地说谢谢。

有人愿意花698元买我的1次咨询,并且还能在结束后真诚地说出"谢谢"。既能助人,又能通过助人获得收入,这种感觉实在太棒了。

我决定将生涯规划、人生设计作为我的终身事业,用我的专业知识和热情,去帮助更多的人挖掘他们的独特优势,找到他们的职业定位,实现他们的人生目标。

那一年,我刚好接触了盖洛普优势,为了深入掌握优势挖掘这门技术,我几乎学习了市面上所有的相关课程。我最突出的优势领域是影响力领域,最突出的前五个优势才干是和谐、追求、前瞻、包容、统筹。结合发挥优势的行动建议,我的教练跟我一起探讨出了我的成功模式是:像调停者一样,帮助大家在分歧中寻找共识;像梦想家一样,描绘未来场景;如大海般,吸引更多的人加入团队。通过指挥、协调、优化资源,带领大家不断挑战,登上更大的舞台,成为闪闪发光的"大明星"。

当教练在给我描绘这个成功模式的场景时,我眼前一亮,更坚定了我要自己创业的决心。因为只有这样,我才能实现我最终

执行力		影响力		关系建立		战略思维	
执行力才干主题突出的人，懂得如何让想法落地实现，令团队任务有效达成。		影响力才干主题突出的人，懂得如何掌控局势，影响他人，并确保他人或团队意见得以表达。		关系建立才干主题突出的人，擅长构建牢固关系，从而将团队凝聚起来发挥更大力量。		战略思维才干主题突出，擅长获取并分析信息，从而帮助团队作出更好的决策。	
信仰	传教士	行动	催化剂	包容	大海	学习	孩童
专注	导航仪	取悦	社交达人	适应	河流	搜集	收藏家
成就	实干家	沟通	演说家	和谐	调停者	前瞻	梦想家
责任	契约	自信	罗盘	体谅	蕾达	回顾	备忘录
审慎	报警器	完美	投资人	积极	向日葵	分析	科学家
纪律	铁轨	追求	大明星	个别	导演	思维	哲学家
公平	天平	竞争	冠军	伯乐	教练	理念	发明家
统筹	指挥家	统率	大将军	交往	试金石	战略	蓝图设计师
排难	拆弹专家			关联	水晶球		

克利夫顿优势模型

的梦想。

这一刻，我更笃定地将生涯规划作为我的终身事业，盖洛普优势成为我的定海神针。

黑天鹅事件让我走上自由职业之路

2020年，公司要通过降薪变相裁撤销售人员，我觉得自己的价值不应该体现在裁人上，于是毅然决然地选择了辞职，成为一名独立的生涯规划师。

为了保证每天都有咨询业务，我必须增加获得咨询机会的渠道。我开始在新精英等平台担任咨询师基础班和实战班的促动师、个人战略课的教练、ACCA求职特训营的教练、香港中文大学的职业发展教练（校外导师）等。

我坚持每天做1个咨询，无论多难，每天都必须完成。如果偶尔完不成，也必须学习、拆解一个督导案例。那段时间，我从早上六七点工作到深夜十二点或凌晨一点。我就这样工作了七个月，几乎没有休息。最后，我终于保证了收入的稳定，并且达到了与在职场工作时相当的水平，我才敢让自己有一些喘息的时间。

那段艰难的时光，用网络上的流行语来说，叫"至暗时刻"。但就我自身的感受而言，我更愿意说，那是我在生涯规划职业道路上努力拼搏的日子。

我特别感谢那段经历，如果没有亲身体验过一名独立生涯规划师从0到1的摸索和成长之路，我不会知道刚起步的生涯规划师需要哪些帮助，就不能设计出后来备受好评的"个人成长私教""咨询师实战督导营督导""咨询师年度成长私教"等产品。

我的"个人成长私教"产品刚推出，就招募到了学员，学费2.8万元/年。有个学员几乎是毫不犹豫地报了名，因为我不仅能根据对方的人生故事挖掘出独特的优势，还能盘点出对方没看到的资源，帮其排列组合，找到最佳路径，找到他从来没想过的定位，同时能陪伴他一步一步落地。目前，该学员已成功转型，从一名默默无闻的文职人员成为单次咨询费用过千元的形象设计师，月薪是原来的2倍。

还有一个"咨询师年度成长私教"产品，报名费是1.98万元/年。有个学员报名时，认为一对一辅导能加速他的成长，他不想走弯路，我在详细了解了他的情况后，发现他很有潜力，同时也感叹他的清醒，我决定助他成功。通过对他优势的挖掘和资源的梳理，帮他找到了合适的客户群，在他报名一个月后，我就帮他赚回了学费。

这个成绩非常惊艳，之前也有业内导师问我是怎么做到的，其实我在其他场合也分享过，大量的生涯咨询案例实践、我的前五个盖洛普优势练就了**我独特的前瞻性，让我既能帮学员梳理出长远的愿景、目标，也能捕捉到学员独特的优势和资源，帮他们排列组合至最优，形成可落地的执行方案。**

我观察到一些初入生涯咨询师行业的人常常有的困扰：他们总是感觉自己的知识积累不够、专业技能不够，因此他们会投入大量时间去学习各种各样的新知识，忽略了自己原有的能力和资源。

我有一位学员，他原来从事的是培训相关的工作，特别擅长短视频制作，他一直不停地学，总说自己能力不够。我为他梳理了他原有的优势和资源，建议他运用视频制作技能来增值，他很快就迈出了第一步，然后我又帮他把资源盘活。就这样，看到并合理运用自己的优势后，他3个月就变现了5万元。

发现优势，盘活资源，听起来是轻飘飘的一句话，但是需要深厚的功力，尤其是优势发掘的功力。这得益于我有1000多个咨询案例、盖洛普优势梳理经验及商业知识的积累。

> 真希望你像我一样只取悦自己

"有志者,事竟成,破釜沉舟,百二秦关终属楚。"经过我的努力,在 2021 年,我荣获 2020 年度全国十佳生涯规划师的称号。这一奖项不仅肯定了我过去几年的努力,也激励我更加奋勇向前。也就是在这一年,我开设了"优势导师执业计划""核心竞争力养成计划"等训练营,立志于培养更多的优势导师,帮助 1000000 人打造属于自己的不可替代的能力。

这几年,我越来越意识到优势的巨大价值,几乎我所有在业内广泛流传的案例,都是因为我很好地发现了对方的优势,激发出对方的潜能和激情,并高效地落地。

比如,我有一个学员,之前是一位全职妈妈,家里的生意做得很大,但她在家时间久了,对自我价值产生了怀疑,总觉得去一些场合不知道怎么介绍自己,想把自己隐藏起来,一直处在内耗中。即使她之前系统学了生涯规划师的课程,成了一名生涯规划师,而且客户对她的评价很好,但她依然对自己的专业感到不自信,最后甚至严重到不敢再向人提供咨询的地步。

后来,她找我做了完整的案例咨询,我看到了她的瓶颈和卡点,梳理了她的独特优势,找到了适合她的职业发展方向。在这个过程中,她学习了我优势视角的咨询方法,点燃了她的热情,她从一开始的不自信、不知道如何自我介绍,到现在已经能够以生涯规划师的身份自信地为客户提供咨询,并且咨询费从 0 元到每个案例高达 2880 元!

除此之外,她将优势视角应用到自己的生活中,每天运用自己的优势才干去面对工作和人际关系。在此之前,她会对孩子的一些行为感到不理解甚至生气;现在,她可以从优势视角出发,理解并引导孩子。她从一个容易发怒的妈妈变成了一个不急不吼、温柔且理解孩子的妈妈。孩子也感觉到了她的改变,觉得她变得更温柔了,同时她也能更好地引导孩子学习和应对生活的方方面面了。

类似的案例还有很多,我总是在学员的报喜中反复感受到优势视角的魅力。慢慢地,我意识到,优势视角在我们的生活中不可或缺。如果我们拥有优势视角,至少可以减少生活中50%的烦恼;如果我们的家人也都有优势视角,那大家就真的其乐融融了。

结语

在进行生涯咨询创业的这几年,我身上有了诸多标签:设计人生、优势、生涯、职业规划、核心竞争力……我内心非常明白,这些都是为了:

帮助我的学员、我的客户更主动地去规划和设计自己的事业和人生;

帮助那些迷茫、没有核心竞争力、没有目标和方向的人看见充满希望的未来；

帮助任何一个靠近我的人，去有规划、有掌控地实现时间、精神、财务自由。

生涯规划咨询离不开优势视角，优势发掘离不开核心竞争力的养成，核心竞争力的养成势必会让生涯规划更顺畅，这就是一个正向循环，一个不断螺旋式上升的过程。我的很多学员都会在学完我的一个课程后，还想学其他课程，因为这些课程是1＋1＞2的，能够让他们越来越了解自己、了解他人，看得更清晰，规划得更好，践行时更笃定。

现在的我，没有事业这一说，生涯规划、优势视角已经融入了我的生活，成了一种生活方式，我富足的生活状态吸引了越来越多的人靠近我。

我的梦想是打造一个高价值、正向的生态圈。在这个生态圈里，每个人都欣赏别人，也都被别人欣赏；每个人都能发挥自己的优势，帮助别人，也能实现自己的价值，彼此合作，互相成就。这样的生态圈，你想要吗？

欢迎你加入我们，成为最好的自己，过闪闪发光的人生。

刘姗姗

世界500强央企签约讲师
太平1929家族办公室事务专家
家族财富管理者
Angie价值变现私董

美妙的相遇

当你看到这篇文章的时候,我们之间最美妙的相遇就发生了。

我是姗姗。我儿子非常喜欢画画、书法、乒乓球、快速记忆等,并且都取得了很不错的成绩,家里面有一面墙上都是儿子获得的奖状,至少有三四十张。所有的成绩都是他自己通过努力获得的,是他自己选择的项目、自己选择的机构、自己制定的计划、自己用压岁钱交费用……因为朋友们都很好奇我儿子是怎么培养出来的,那我就分享一些和儿子之间的小故事,供大家参考。

真希望你像我一样只取悦自己

记得在儿子上小学一年级下学期的一天,他突然对我说:"妈妈,如果我每天可以自己做所有的事,养成自己的事情自己做的好习惯,这是不是就叫负责任?"我很惊讶他在这么小的年纪,居然就在思考这个问题。他继续说:"妈妈就是一个负责任的人,我也想像妈妈这样,做一个负责任、有好习惯的人。"后来,我们就在一个阳光灿烂、微风徐徐的周末午后,在书城里进行了一次深入交流,达成了"从细节开始行动,养成一个一个的好习惯"的共识。

回到家后,儿子让我给他准备了一个项目打卡本。他说他就要从这个打卡本开始,一个项目一个项目地把细节做好。儿子每天把重点项目写在打卡本上,分为必做项目和选做项目两个部分:必做项目有跳绳、做作业、听英语、做应用题(口算本)、阅读、远望、吃 DHA 和钙,选做项目有看综艺节目、看电影、和小朋友玩等。把所有项目罗列出来,完成一项就打钩,这样可以清晰明了地知道自己的进度。

如果我在家的话,晚上会和儿子谈心,提供高质量的陪伴,聊聊学校里发生的趣事,聊聊当天的收获,聊聊课间的小游戏等等。虽然这十多分钟的时间不长,但我们聊得很开心,儿子也非常信任我,会把所有的事情都说给我听。如果我出差不在家,在睡觉前,他会主动给我打电话聊聊天,也会讲讲打卡本的进度。就这样,做了一学期的打卡本,在期末的时候,他对我说:"妈妈，我现在自己的事情都可以自己做了，我是不是很厉害啊？我对事情负责任，对自己负责任，也对妈妈的时间负责任，不拖累你，我好开心啊！"那天，我也很开心。一是在陪伴儿子成长的道路上，我们彼此信任、彼此负责；二是我们很幸运能够成为一家人，这真是一个美妙的相遇。

我曾经在杂志上看到一个著名的教育学家阐述培养孩子的好方法，我就记录了下来，可以借鉴一下。

1.培养自主学习能力

（1）鼓励孩子自主学习和探索。

（2）提供适当的挑战和支持。

（3）培养孩子的学习兴趣和动力。

2.建立适当的规则和纪律

（1）设立明确的规则和期望。

（2）教导孩子遵守规则并承担责任。

（3）同时给予适当的奖励。

如果儿子和爸爸有相同的爱好和兴趣，那会是非常美妙的。我先生是画家，在高校任教，一生所乐，唯画画是也。儿子的专注力不怎么好，专注的时间短，又难以静下心来。负责任的爸爸发现陪伴儿子一起画画，可以平复急躁的心情，在安心的同时又提升了专注力，这真是一个好办法。每次画画，一旦开始就要持续几个小时。一次，儿子遇到一道稍有难度的数学拓展题，不会做，突然有了情绪，这时爸爸说："儿子，你想想怎么样才能快速地让自己安静下来，此刻做什么事情才能让自己心情舒畅呢？"儿子想了想，就安静下来了。儿子说，他当时在想象并体会每次沉浸在画画中时的感受，这样就渐渐地安静下来并且专注地做那道数学题。我想，无论那道数学题儿子是否能做出来，重要的是他通过这件事情能慢慢地掌握专注的方法，这种体验很美妙！

我在儿子爸爸身上看到他将兴趣和事业结合起来，并花了大量的时间、精力陪伴孩子。就是在这种耳濡目染的环境中，儿子学到了爸爸的专注，并且在很小很小的时候就能独立完成阅读、画画、做作业。因为有方法能管理情绪，有专注的日常训练，有工具帮助他理清思路，儿子不知不觉地提高了做事的效率。

我之前看过 Facebook 的创始人马克·扎克伯格的故事。他是一位非常有条理和高效的时间管理者。他经常将时间划分为不同的板块，专注于特定的任务，一旦开始就非常专注，并且设定自己的工作日程以确保高效完成工作。

专注是优秀的品质，无论是成年人还是孩子，只要能专注地做事，一定会得到比较好的结果。现在，我就把我家提升专注力的方法分享给大家。

（1）创造一个专注的环境。确保环境安静、整洁，尽量减少干扰因素。关闭手机或将其设置为静音模式，以避免分散注意力。儿子在画画、阅读、学习的时候，我会关掉电子设备的声音，确保他能有一个安静的环境。在晚上我陪儿子聊天的十多分钟里，我会远离手机，好好地享受当下的美好交流时光。

（2）使用时间管理工具。如番茄钟法，将事件（作业、工作）划分为 25 分钟的工作块，完成每个工作块后休息 5 分钟。这个工具可以帮助你集中注意力，同时避免长时间的疲劳。

（3）设定优先级。确定任务的优先级，将注意力集中在最重要和最紧急的任务上。避免同时处理多个任务，这样可以降低分散注意力的风险。

（4）注意身体健康。保持身体健康，包括充足的睡眠、均衡的饮食和适度的运动，身体健康对大脑的功能和专注力有积极的影响。儿子在一般情况下在晚上 10 点前入睡，早上 7 点起床，大约每天有 9 个小时的睡眠时间，这样可保证一整天状态良好，上课不打瞌睡，课程知识点就会吸收得更好。

以上是我们家经常用的方法，当然还有很多其他的好方法，比如做专项的练习等。提升专注力是一个长期的过程，需要持续的努力和实践。找到适合自家孩子的方法，并坚持下去，孩子的专注力将逐渐提升并取得好的效果。

专注是力量的源泉，它使你能够在嘈杂中找到内心的平静。

经常有妈妈问我："你家是怎样培养孩子的？你家孩子太优秀了。"其实我之前也没有去总结方法，是因为这次 Angie 老师的邀请，我才好好地做了思考和总结。我想表达对 Angie 老师的感谢，圆了我从小的作家梦！Angie 老师和谐、温暖的家庭氛围和与孩子们的相处模式对粉丝和学员们都有极大的积极影响。在我家里，儿子一直以我和先生为榜样，我们也共同努力创造积极的家庭环境，营造一个积极向上的家庭氛围，鼓励孩子表达自己的想法和感受，同时提供安全、稳定的交流环境。小朋友是需要鼓励的，特别是在遇到困难的时候容易退缩，忘了自己的初心。

儿子在上小学二年级的时候，参加了书法五级的考试。在考级前几天，他说最近几天练字没有感觉，不想练字了。当时，我给他讲了我和 Angie 的故事。

在 2016 年的时候，我的朋友洋洋送了一本书给我，就是《学习力》，这本书是 Angie 出版的第一本书。那时，Angie 的名气还没有现在这么大，她坚持打造个人品牌，坚持写公众号文章，坚持出书，坚持开发新课程，坚持学习……现在，Angie 已经是出过 7 本畅销书的作家了，同时也是个人品牌界的名人。正是因为 Angie 的坚持，才能在事业上取得这么大的成功，成为新时代女性的榜样！

在这几年的时间里，我经常上 Angie 老师的课程，也特别喜欢她的风格，如真诚、利他、活泼、优雅。Angie 不仅是我的个人品牌老师，也是我的家族信托的客户，真是美妙的相遇。我是从事财富管理工作的，是公司家族办公室合伙人，通过家族办公室为客户创富、守富、享富、传富。我和 Angie 的价值观很一致，想要做长期的事业，同时做平衡人生的践行者。那时，我就意识到我和 Angie 能够长期合作。

  2022 年 11 月，总公司在深圳举办了顶级企业家论坛，抱着利他的心态，我第一时间就邀请了 Angie 老师参加论坛。当我专门从成都飞到深圳，见到 Angie 的那一刻，我很激动，因为可以近距离地与 Angie 交流。从深圳市区到桔钓沙大约有一个半小时的车程，我们一路上都在聊天，完全没有舟车劳顿的感觉，很兴奋。我们聊生活、聊家庭、聊工作，Angie 真的是一个有很大格局的人，她一边给我建议，一边指导我打造个人品牌，教了我很多实用的方法。这一个多小时让我受益匪浅，非常感谢 Angie 给我赋能。

  我想我只能用我的专业来回馈 Angie 的大爱。在活动中，我们一边学习家庭财富传承，一边享受公司的专业服务。就这样，Angie 在我们公司成交了 300 万元。那一刻，我很开心 Angie 成为我们公司的 VIP 会员，终身享受专属家办服务。Angie 说自己并不是一个容易成交的人，但是被我的坚持感染了。她还说我是一个干一行爱一行、干一行成一行的人，我能在自己喜欢的领域闪闪发光。

  当我讲完我和 Angie 的故事的时候，我希望儿子看到为了目标而坚持的力量和意义。我告诉儿子，人无论处在哪个年龄阶段，都需要坚持的品质。在困难面前，妈妈也在坚持，只要妈妈认为一定要做成的事情，妈妈就会想办法做到，妈妈的孩子也应该如此。听完后，儿子拿出练字本说："我要开始练字了，我开始想象已经通过考级，老师给我颁发证书的情景了。"当儿子后来真的顺利通过考级的时候，儿子开心地说："妈妈，我爱你！"

找到一件事或者一个目标的价值和意义，会产生源源不断的驱动力，让自己好好地坚持下去！

这就是人与人之间美妙的相遇。每当儿子有困惑或者遇到困难时，我都会讲我自己的故事以开启他的心智。其实每个孩子都是独特的，因此需要根据孩子的个性和特点来思考特定的培养方法。

希望我的故事能带给你一点点的启发。我非常非常感谢Angie老师，让我用这样美妙的方式和大家在书中见面。期待我们都能通过学习获得成长，做最好的自己！最后祝福所有的孩子身体健康，茁壮成长！

美好

能量专案私教
MBA轻创业导师
品牌高价值专访

发挥天赋专长,放大自己的价值

在茫茫人海遇见你,何其有缘。我是美好,一个生来就要把美好给予更多人的女生,致力于通过教育影响和帮助更多的人。

我学了9年艺术美学,做了8年职场高管,后来放下一切去研究心理学,如今成了创业导师。看似不关联的跳跃,其实是一次又一次的整合进化。

自在生活、自在创业是我不知不觉形成的自在生命模式。

没有人生而完美,每个人都会借由过程来丰富自己。人生就是通过终身成长来实现自我完整的过程,而学业、事业、情感、家庭……都是修行的道场。

我认为创造就是疗愈、聚焦美好、发挥优势,把自己当成创业公司来经营,就是高级疗愈。在人生下半场,我愿带着更多的创业爱好者一起,实现生活、生意、生命三位一体的富足人生。

富养身体

天蒙蒙亮,草地上已经有了明显的白霜,一大一小两个身影,像凝固的雕塑一样扎着马步,身上冒着热气……

我出生在江南的农村,家里只有三间平房。下雨时,经常要拿盆接水。家族里有重男轻女的观念,但由于家里太穷加上政策不允许,妈妈怀上了弟弟也被迫流产了。我是班级里最矮、最小的女生,为了不被欺负,爸爸把我当男生养,每天天刚蒙蒙亮,爸爸就带着我练习站桩、练深呼吸。大冬天,离开温暖的被窝,睡眼惺忪地站在冰凉的水泥地面上,还不准动,太冷、太无聊、太痛苦了。不知道过了多久,我感觉浑身有一团红色的火在滚动,最后热乎乎一身大汗。身体是诚实的,我从小到大没进过医院,长跑、短跑都是第一名。爸爸话很少,天天带着我站桩,渐渐成了我心中的隐世高人。我对体育、绘画、舞蹈、文学都充满了热情,做家里大大小小的家务跟玩似的,每学期都是三好学生。男生、女生都喜欢跟我玩,我的童年是快乐的、自由的、充满探索精神的。可想而知,这是体能和专注力起了超级大的作用。

感谢父母在充满偏见且物资匮乏的年代对我身体的富养,让我成为阳光女孩,吃到一大波体能的红利。

这段亲子正念站桩的经历给我从事心理行业埋下了伏笔。亲子正念站桩是一种亲子活动,旨在通过正念冥想的方式增强亲子间的情感联系和共同体验。以下是亲子正念站桩的5个要点:

(1) 调整心态:在进行亲子正念站桩之前,双方应先调整好心态,放松身心。可以通过深呼吸、放松肌肉等方式来减轻压力和焦虑。

(2) 选择合适的环境:选择一个安静、宽敞的空间,让双方可以自由站立并进行冥想。确保没有干扰和噪音,这有助于集中注意力和专注力。

(3) 辅助工具:使用一些辅助工具,如音乐、冥想导师的指导语等,可以更好地进入冥想状态。通过这些工具,父母可以指导孩子放松身心,集中注意力。

(4) 关注呼吸:呼吸是冥想的核心。双方应该专注于自己的呼吸,感受呼气和吸气的过程。通过观察呼吸,可以让双方更好地放松身心,减轻压力。

(5) 分享体验:冥想结束后,双方可以分享彼此的体验。父母可以鼓励孩子表达他们在冥想过程中的感受和思考,同时父母也可以分享自己的体验。这种分享可以增加亲子之间的互动和理解，加强情感联系。

这些要点可以帮助父母和孩子更好地进行亲子正念站桩活动，有利于双方的身心健康和情感发展。

利用天赋去做热爱的事，毫不费力

那时候没有培训班，没有知识付费，父母忙着工厂、田地，没空管我。我用各种能画得出颜色的石头块块，把家里能画的地方都涂满，脑海里有很多美好的画面，还承包了学校的黑板报。听说有艺考的机会，一共学了7天素描与水粉，我就轻松考上了艺术学校。前前后后9年的艺术设计学习，对我来说是惠及一生的审美熏陶，乐观、聚焦美好、点线面、结构、解构、创造力……这会内化到生命模式里，在应对不确定性时更灵活，远离固化思维。

我毕业后的第一份工作是在一家摄影集团当艺术总监，两个月就升级成店经理，孵化分公司，这可是个暴利行业。同时，在人生的跃迁中，美学、管理的复合能力让我进入一家全球顶尖文化企业做营销顾问，这是一段全方位开发自己潜能的体验，我边结婚生子，边赢得了公司奖励的海外游与人生的第一颗钻石。这段经历让我被一家国内很有名的人力资源公司看中，让我过去做分公司副总，负责200多家500强企业的招聘、培训业务，这就是热爱带来的红利。

热爱会让你的能力边界不断地往市场需求的方向自动拓展，那如果是职场"小白"，如何通过刻意练习，让自己靠近热爱的方向并且有贵人运呢？

（1）持续学习和不断挑战自己：勇敢地去做一些难而正确的事情，通过持续学习新知识和技能，不断拓展自己的能力边界，比如参加培训课程、阅读书籍、学习新的语言或工具等。通过不断的学习和实践，可以不断提升自己的能力，并突破自己的边界。

（2）设定具有挑战性的目标：设定具有挑战性的目标可以激发内在的动力和热情，帮助突破能力的边界。目标可以是职业发展方面的，也可以是个人成长方面的。设定有挑战性的目标可以激发自己的潜能，并督促自己努力实现。

（3）寻找合适的伙伴或导师：与有共同目标或兴趣的人一起工作或学习，可以相互激励、互相帮助，共同突破能力的边界。合适的伙伴或导师可以提供反馈和指导，帮助你发现自己的盲点并改进。他们可以分享经验和知识，为你提供新的视角和观点，帮助你更好地成长和发展。

在失衡中找到你的天赋和使命感

我做职场"白领"好景不长，随着两个孩子的长大，我的工作压力加大、父母身体不好……二胎妈妈的考验一个没落。我先生在外企工作，出差非常多，回到家常常疲惫不堪，根本没有精力带孩子。作为二胎职场妈妈，我的工作不能放手，家里的事情也让我手忙脚乱，精力消耗很大。双休日对我来说，比工作日更累。我惧怕公司所有的应酬，脸上开始长斑，经常口腔溃疡。我深深感受到事业、家庭失衡所带来的无力感，我要改变。我开始找项目投资，实现钱生钱，成功把自己从职业生涯中解救出来，然后开始投资自己，学习心理学、催眠、美学疗愈、冥想……不断向内求，提升自己的能力。

在这 10 年中，我深度赋能迷茫的青少年，陪伴他们在迷茫中找到方向。我还读完了 MBA，进行轻创业。我非常感恩这 10 年的经历，因为这 10 年是我最富有使命感的 10 年。我在与一个个来访者交流的过程中，把"事故"变成"故事"，与其说是我赋能来访者，不如说是一个个生命影响生命的双向赋能过程，让我不断验证能量法则的守恒性、看到生命的无限可能性。

有一句话与你分享："当你处于某种困境时，很可能是你寻找生命的使命感的时机。"根据我的经验，我总结了五个步骤，希望可以帮助你。

（1）忘我：花时间反思自己的价值观、兴趣和激情。思考你最关心的事情是什么？你对哪些问题感到特别有兴趣？忘我地去做难而正确的事情，找出那些给你带来满足感和成就感的时刻。

（2）探索：积极主动地寻找新的机会来扩宽你的视野，如参加各种活动、读书、旅行、学习新的技能等等。通过这些经历，你可以更好地了解自己的兴趣和能力，找到与自己的价值观和激情相吻合的领域。

（3）与他人交流：与他人分享你的想法和疑虑，听取他们的反馈和建议。与志同道合的人交流，可以获得更多的启发和支持。也可以向那些在你感兴趣的领域有经验的人请教，了解他们的经历和观点。

（4）导演思维：根据你的兴趣和激情，设定一个明确的剧本，这个剧本应该是具有挑战性和可实现性的。确保这个剧本与你的价值观一致，并能够为他人带来积极的影响。

（5）行动起来：一旦确定了目标，就采取行动。制定一个具体的计划，并逐步实施。坚持不懈地努力，克服困难和挫折。同时，不断评估和调整自己的行动，确保朝着正确的方向前进。

记住，寻找生命中的使命感是一个持续的过程。不要急于求成，要给自己足够的时间和空间来探索和发展。

在不确定的环境中，坚持你的价值观

本以为可以终身从事的心灵能量事业，因为疫情3年无法上线下课，我只能给报了名的学员安排退款。整个项目出现了负增长，配合了8—10年的助教团队也纷纷解散，我心里的空洞越来越大。

祸不单行的是家人查出有肿瘤、我投资的实体项目也血本无归……人生进入了至暗时期。我开始分析我身边的资源，弄明白哪些是滋养我的，哪些是我能给其提供价值的，开启自我富养模式，每天晨练、正念饮食、写作、做公益、读《论语》、做早间直播、记录灵感、向创业名人学习个人IP新商业、拍摄短视频、带着我妈妈出去微旅行、做八段锦、想办法给爸爸保守治疗……一切开始好转，我重新拥有了旺盛的精力和好身体，爸爸的肿瘤消失了，妈妈看起来比同龄人年轻了15岁。

这次考验让我再次从失衡中找到了新的平衡，我深深领悟到"你所有的是让你分享出去的，你所没有的是要让你创造的"，我终于可以在线上完成能量咨询了，并且效果出奇喜人。除了个案，也有大型企业邀请我去做内训。

越是处于低谷，越要去做成人之美的事。在这里，分享几个处于低谷时的逆袭心法。

（1）坐稳导演的位置，知道自己要的是什么。

（2）与一切和解，以万物为师。

（3）正视自己的优劣势，聚焦美好。

（4）分享你有的，创造你没有的。

（5）感恩一切得失，失是另一种得。

（6）在每一次选择中，坚持自己的价值观。

（7）真实地做自己。

（8）爱自己，保持冥想的习惯。

提高时间价值，迭代你的商业画布

光有几个咨询产品与企业个案就让我忙忙碌碌了一年，很显然，时间价值是不够的。我读了200多本关于知识变现的书，给自己找了新商业构架的老师，进入知识变现的高能私董会学习，发现自己光有咨询产品是不够的，要用杠杆的力量，于是我注册了公司，我开始把自己10年来所有的专案结合MBA的知识，做成知识产品，拥有了一套小而美的商业模式。把个人优势商品化、品牌化，有了优秀的线上工作团队，产品也变得丰富起来，包括："创始人商业专访""IP品牌打造""创业者能量专案""企业家商业画布变现课""财富能量读书会"，帮助创业者和小微企业降本增效，实现10倍营收。

君子不器，终身成长

如果进入一个高知群体，发现高手如云，你可能会想：我努力达到的天花板，正是别人的地板。这个时候，不要慌，你自己的成果也成了另一群人的天花板。不是要成为释迦牟尼，才能做老师，学姐也可以。爱上这进化链，不断进化自己，允许自己活出多样人生，在不同的阶段实现不同的价值。

边学习、边领悟、边创造，在这里，分享一下我的心得。

（1）创业者是自带创造属性的人，喜欢解决问题。在不确定中，始终拥有稳定的内核。

（2）创业者要时刻觉察自己，不被固有思维局限，不被标签束缚。

（3）拉高创业动机，越是一个人的公司，越要启动你内心"伟大的想法"。

（4）创业者的商业发展故事往往是最具吸引力的，敞开心扉，用真诚的行动去追求成果。

先升级能量再升级营收

我的一位咨询者小L，创业2年，一直卡在6位数的营业额上不去，不知如何破局。我给小L做了咨询后，她突破了原生家庭带给她的金钱卡点，有了更清晰的定位，高价值咨询产品瞬间卖完并且还有转介绍。

另一位咨询者是开中医养生馆的，有祖传的独家配方，很想把这事业做大并传承下去。但总觉得很难找到与自己一样将中医文化刻进骨髓里的徒弟，所以收益、传承都卡住了。在咨询中，我帮她找到了一个潜意识的角色：禅师。"我用禅师的心、医师的手在积善行医。"暗示信号一升级，她在电话里激动得分贝都提高了，整个人像被重新激活了一样。随后，我又帮她策划了一个轻合伙传承人的知识产品，把"禅心医术"的传承体系化，传授认证、临床效果、产品矩阵、模式迭代、线上线下导流……打造了一个闭环，一下子盘活了资源。

价值系统的卡点消失，商业系统就会顺畅地运转起来。

每个个体都有自己的专长，人人都可以是创业者。发现自身优势，通过终身成长迭代优势，利用产品杠杆、团队杠杆、资金杠杆、渠道杠杆、IP杠杆等，可以放大自己的商业价值。

我很喜欢纳瓦尔说的一句话："人人都有属于自己的天赋专长，财富就是用自己的专长服务这个社会，让社会给你打欠条。"

聚焦美好，发挥天赋专长，人人都可以用优势构建终身事业。

第三章
做最好的自己

东晶

发光语言魔力学苑创始人
金牌主持人培训师
演讲变现教练

会说话是天生的吗？

我是东晶，我是一个用演讲疗愈自己的人，也是一名受万人喜爱的演讲教练。十一年前，我开始主持探索之旅，经历种种，现在我有了自己的演讲培训公司，同时也在线上帮助几百人爱上演讲、突破自我。我很喜欢我现在的样子，这是演讲所带来的滋养。

你可能会说："哇，演讲教练是不是从小就特别厉害、特别会讲话？你的演讲能力是不是天生的？"

先不说答案，我想先邀请你来听听我的故事。

有梦想，谁都了不起

我上小学时，我的父亲告诉我："人只有读书才能改变命运。"我的家庭条件不好，买不起很多图书，父亲就给我买了一台收音机。我在收音机里听到主持人讲故事的声音，萌生了一个梦想：我长大要当主持人。

我出生在海南，调皮爱玩的我晒得黝黑黝黑的，加上身材瘦弱矮小，我暗暗觉得我不行，我长得不好，怎么可能成为万人瞩目的主持人？我有很严重的口音，怎么可能成为主持人？

但梦想在心底，会慢慢萌芽，不管藏了多少年，都不会枯萎。跟着梦踏踏实实走，在人生的某个路口，或许会有与梦想交会的时刻。

2010年，我进入了一家培训公司。公司开早会的环节吸引了我，口才不好，没关系，想锻炼口才从主持早会做起；胆子小，没关系，想练胆量，从敢在台上当众表达开始；自卑，没关系，想变自信，从不断上台做自我介绍开始。

我太渴望舞台了，我频繁上台。有一天，开早会时，我把自我介绍进行了创新："我是东晶，东方一颗亮晶晶的明珠。"瞬间，台下同事们给了我热烈的掌声，同事们纷纷说我的自我介绍很有力量，声音很好听，台风很好。那一刻，我真正觉得我就是东方的闪耀明珠,我要打开我的梦想的翅膀去翱翔,勇敢追梦。

2012年8月份,公司第一次认可我的能力,愿意给我机会做主持人,我激动得几天几夜没睡好,准备主持稿、练习,内心都是担忧和恐惧。稿子背熟了,面对镜子时,却觉得表情太僵硬;自由发挥时,练了很多遍都觉得很不自信,那个声音又冒了出来:"主持人是很有灵性的,你这样怎么行?"或许这就是不接纳自己的表现吧。

一个不接纳自己的人有几种表现:

(1) 觉得自己长得不好,对自己的外表不接纳。

(2) 觉得自己没有好的出身,还因此抱怨父母,或者出生在重男轻女的家庭,从小不被认可,长大后也不接纳自己的女孩身份等等。

(3) 觉得自己学历不高,没有学识,和学历高的人在一起就感觉自卑。

那句"我相信你"就是支撑

我看到过一句话:"一个人最深沉的爱是,接纳自己的普通,却仍然爱得热烈和美好。一个人最大的自信是,他强任他强,清风拂山冈;他横由他横,明月照大江。"

那段时间是纠结、痛苦的,我常常在开始练习时,都会听到一个声音："我做不到"，"我应该不行"，但又有一个声音："我相信你"，"要不试试吧"，"你的梦想是当主持人，难道这一点困难就把你压垮了吗"？

我开始疯狂看主持类节目，不看内容，只听声音，特别关注嘉宾的表情管理，看他们怎么可以那么淡定、优雅。当时没有任何主持人培训的渠道，我后来看到了一个学习的方式，就是看空姐培训的视频，发现空姐开口说话都是嘴角上扬的，很优雅、很知性。我开始疯狂地练，咬着筷子练，练到嘴巴酸痛，终于有一点点嘴角上扬的美感了。

准备了半个月后，终于站上了舞台。那天的情形我已记不清，只记得走下舞台后，同事们对我赞誉有加，连很少赞美我的老板，也给了我鼓励："干得不错，继续加油，下次还得是你。"

那一次的鼓励就像照进现实生活中的一道光，那道光是金色的，是耀眼的。

每个人都有属于自己的那一道光，有了它，才有了坚持的理由。这道光为我导航，是我的方向标，指引我坚持下去。

我知道我只做到了 60 分，但我已经有了很大进步。我开始疯狂练习，上班间隙、中午休息时间在楼道练，周末去爬山，一边爬山一边背稿子。为了克服在陌生人面前说话的恐惧，我在人多的地方开口练习，最初常常过不了自己那一关，人多就停下来，人走了才敢开口。但几次以后，我发现根本没人关注我，他们只是好奇这个人在干什么。

我又尝试新的挑战：拉着音响到广场演讲，激情演讲、即兴演讲。

我没有讲得多精彩，路人也没有更友善，是我训练的次数多了，我的脸皮厚了，我的自信心更强了，更不在乎路人的眼光了。

丁玲说："对于一个有思想的人来说，没有一个地方是荒凉偏僻的。在任何逆境中，她都能充实和丰富自己。"训练口才的过程，就是训练自己思维的过程。难不可怕，可怕的是畏难；重复训练也不可怕，可怕的是厌恶重复。没有一遍又一遍的重复训练，怎能有一次又一次的蜕变和精进？

练习基本功时，我下了很多功夫。在这里，和大家分享几个小妙招：

第一招：第一遍慢读，第二遍熟读，第三遍，加上语音、语调，有感情地读。

第二招：用手机录下自己的演讲视频，反复看自己的表情、动作，并做调整。

第三招：复述演讲稿，不要担心能否讲完，更不要背诵，只需要根据你的理解，用自己的话复述关键部分。

从说话不注重表情管理，到主持台风很稳、声音铿锵有力，再到演讲几百场、带了几百名学员，我就是靠一遍遍的练习和调整做到的。

演讲是疗愈自己的过程，更是传播思想的过程

成为主持人后，我接到的晚会主持、千人年会主持邀请越来越多，我变得越来越自信、越来越接纳自己。每次主持或演讲前，我怎样调整自己的状态呢？

从给自己一个微笑开始，从自我肯定开始。每次演讲前，我都会进行自我暗示。笑是一种没有副作用的镇静剂，在遇到重重困难时，有人惊慌失措，垂头丧气；有人镇定自若，朝气蓬勃，给自己一个大大的微笑，很多问题好像就没那么难解决了。爱笑的人，运气不会差。爱笑的人，也一定是能创造快乐的人。

"送礼物"法

（1）脸皮要厚。你不可能被所有人喜欢，但你肯定会被一部分人喜欢，他们因为喜欢你而愿意去感染他人，所以你先做到让那些喜欢你的人更喜欢你、认可你、配合你。

（2）告诉听众，你会尽你所能分享你的所见所闻、所知所想，真诚地分享你的方法。

（3）告诉听众，你很喜欢他们，喜欢他们认真、专注的样

子,赞美听众也是一种互动。

这叫"送礼物"法。初登舞台,你期待观众肯定你的表演,就难免会紧张。在上台之前,调整一下思维和心态,看看是否会不一样。可以这样想:我是来送礼物的,我对这次演讲的重视和准备让我底气十足。哪怕我只能收到一个好评,或者让一个人感受到愉悦的氛围,那都是有价值的。这样想,你是不是就不那么在乎观众是否喜欢你了?

只要接纳自己,认为自己有价值,一切都会变得精彩。

敢说是一个表达者很宝贵的品质

勇气,让一个没有资源、背景、人脉、经验的大学毕业生,来到深圳,做着无底薪的销售工作,一路过关斩将,四年连升四级,做到销售总监。

通过与客户沟通,我爱上了说话,我特别喜欢这份工作。在与客户沟通的过程中,我站在用户的角度,敢于表达自己的观点,客户给了我很多反馈,说我虽不是最专业的,却因为勇敢和真诚,获得了他们的喜爱。

我在接触销售和主持之后,激发了自己强烈的分享欲。通过与客户交流,介绍自己的公司、产品,讲自己做销售的故事、带团队的故事,在被客户认可后,我越来越喜欢表达。

通过这样的磨炼，我一年主持几十场大小沙龙，担任千人晚会的特邀主持，实现了自己的第一个梦想。

会主持，只代表舞台表现力好，但我真的会说话吗？能说到晓之以理、动之以情吗？

我常常和对方聊着聊着，就停不下来；我还因为不认同对方说的话而打断对方，急于说出自己的观点；我还会在主持活动时，因为太想说而主持超时。不会真正地说话让我吃了很多亏，我开始关注我的语言模式，发现有如下几个不足。

（1）只说自己想说的，不顾对方是否想听；

（2）只管分享好处，没有了解对方是否对这个感兴趣；

（3）自以为是，认为客户听我说就是认同，认同就是信任，实则客户只是在用这种方式隐藏他的真正需求。

爱说话只是满足了自己的嘴瘾，会说话则需要站在对方的角度去考虑。

《人生只有一件事》的作者金惟纯说："第一，别人不问，不轻易说；第二，必须说的时候，只说几句话；第三，说的时候，整个人都把心放在听者身上；第四，说话留下很大空间，让听者自己去想明白；第五，所说的每一句话，都是自己正在做的。"

从对自己不自信、不敢开口说话，到通过做销售、做主持、讲课，我变得越来越敢说、越来越爱说，口才也确实越来越好了，却依然要面对不会说话的问题。怎样才是会说话？难道一个成人还不会说话？

我想问问亲爱的读者们，你们有没有因为不会说话而失去重要机会？有没有因为不会说话而得罪过人？有没有因为不会说话而让关系紧张？……

聆听是好好说话的关键，赞美是好好说话的有力工具，尊重是好好说话的原则，反馈也是好好说话的一种方式。美好的关系来自真诚的反馈，一个表情，可能比说更能抚慰人心。一个人心情不好时，你说："你要多出去走走，散散心，出去看世界。"这个"你要"就是只站在自己的角度来考虑，如果你能真心地说一句："我会好好陪着你。"即便不能陪着，也可以说一句："你这个时候一定很想有个人陪着，真希望我能在。"你想哪一句更真诚、更打动人心？

会说话应建立在爱、感恩、陪伴、尊重之上

很多人说尊重是一种修养，我想说它是说话的前提。尊人者，人尊之，这是做人的准则。即使不开口，你的眼神、你的表情也在"说话"。

会说话的最高境界是懂得聆听。听话听音，听出话语背后的深意；听后反馈，及时的反馈就如钻石一样宝贵；有效倾听，不轻易打断对方说话；少说多听，对方越是说得开心且敞开心扉，

> 真希望你像我一样只取悦自己

就越愿意信任你。

会赞美，是说话时最实用、有力的工具。

会鼓励，让平淡的关系得以升华。

真诚表达，真的是需要一辈子好好修炼的能力。

真的，别让不会说话耽误了你，别让说错话毁了你。急事慢慢地说，大事想清楚再说，小事幽默地说，没把握的事小心地说，伤害人的事坚决不说，没发生的事不要胡说，别人的事谨慎地说，做我所说，说我所做。

真希望你也能找到一个疗愈自己且热爱的事业，然后去做好它。我在说话这条路上继续修炼，遇见你，真的太美好了。

姜姐姐

幸福力教练
北大首批幸福亲师
国际注册热情测试指导师

姜姐姐的松弛经

我是一个非常快乐和松弛的终身学习者。与大家经常听说的"卷"和焦虑不同,我在非常松弛的状态下,进行了大量的学习。相信看到这里,你一定会对我产生好奇,如何获得松弛感呢?我把我的故事讲给你听,希望你也可以跟我一样,在拼搏事业奔幸福的路上,拥有松弛感。

我是姜姐姐,住在北京,已过了 50 岁,是一个青春期孩子的妈妈,从事金融工作即将满 30 年。同时,我还是北京大学教育学院首批幸福亲师、国际注册热情测试指导师、丰盛人生沙盘教练、亲子思维导图讲师、高倍速阅读者等等。

| 真希望你像我一样只取悦自己

作为接近 30 年的持续工作者,我是如何拥有这些不相关的身份的呢?

松弛感的第一要诀:不着急技能

我是一位不着急的终身学习者,拥有一个魔法宝贝:不着急技能!我在农村出生,天生的乐天派,爬树、上墙、爬篮球架就是我的生活。我也是天生的管家婆,会照看家里的鸡、鸭、鹅,看护小 2 岁的弟弟,当哥哥上小学后,我就抢着帮他背书包,接他放学。父母可能看我太积极、热情,5 岁就送我去读小学,在整个义务教育阶段,我都是班级里最矮、年龄最小的那个。直到第一次参加高考失利,父亲直接把我送回高二插班,即便那样,我也并没有火急火燎地为考试读书。读书不着急,我用了 5 年的高中时光,终于等到了同龄的大学同学。

大学即将毕业的时候,其他同学都去了实习单位,我还在操场上追着排球跑,完全不着急,最后的时刻如梦幻般应急找了一份工作,谁知一见倾心,长跑至今!

在别人生孩子的年纪,我沉迷工作,不着急,在 40 岁才猛然醒悟,火速相亲生孩子,如今孩子才到总角之年。我没有二十几岁就当妈妈,也很少面临当下父母们的焦虑。

别人的学习能力强,一个月就开启副业,披荆斩棘,创造佳绩。我用 8 年的业余时间慢慢学习，广泛涉猎，慢慢地摸清脉络，构建永不退休的事业第二曲线：幸福力教练。

做一件事，如果你想一年就出成果，那是要加把油、快点干。如果你拉长战线，做一辈子呢？那真不能着急，要把这件一辈子要做的事养成习惯，每天做一点，不累，也不会厌烦。也许这是"70 后"的模式吧，偶尔觉察到有着急的思绪，我的耳边就会响起《聪明的一休》的那句话："休息，休息一下。"

松弛感是一种生活态度。事情来了，可以紧急处理；没有事情，悠然自得，享受"采菊东篱下，悠然见南山"的美好意境。

松弛感的第二要诀：走进大自然

我是非常幸运的，毕业季还在操场上奔跑锻炼的时候，学校需要两位应届生充实一个新建项目。老师看看花名册，还没有工作着落的，只剩下不着急的我了，于是我开始了做从一而终的金融行业的工作。我爱上了工作，把公司当成家，把同事当成亲人。因为需要清算工作，要在大家下班后的夜晚才能更专心地工作，所以我习惯了加班。

每逢周末，我会狠狠地补一觉，直到周六的中午才爬起来整理家务，天黑了才去超市采购。周日再晚起，大吃大喝一通，补足能量，准备投入下一周的工作。

真希望你像我一样只取悦自己

就这样,时间来到了我 33 岁那年的五月份,朋友约我去体验滑翔伞。斗伞(通过风向调节,让巨大的滑翔伞头迎风飘扬,但不起飞)需要去郊外,要乘最早班的公交车。于是,在北方还有点冷的早上五点半,天刚蒙蒙亮,我就出了家门。

你知道吗?湛蓝纯净的天空,月牙儿高高挂在半空,还有一颗星星在闪耀。路旁的大白杨,枝丫上刚刚冒出两片新绿的叶,枝条末端攥着即将伸展的小拳头,这个画面深深地吸引了我。我在冷冷的空气里,走在静谧无人的街道,新鲜空气沁人心脾,一缕霞光微微地抹在天边,好美呀,怎么之前没有发现呢?

哐当哐当的几乎空着的无轨电车把我带到集合地点,队友们一起转场到郊外。那一天,我们在草色青青的山洼空地练习斗伞。我捆绑了全身的安全装备,有十多斤,看着风向,像老牛拉车一样,弯成 90 度的腰身抻着伞绳,当 15 米宽的伞头从我身后强有力地飘起来时,我要转过身用尽力气向后拽,快要坐到地上了,才不至于被风吹走。那感觉终生难忘,这是与自己生命的较量、与大自然的沟通。

一片早春的绿叶,让我重新回到大自然的怀抱。我会去冰冷的岩壁攀岩抱石,也会去神秘的竹林徒步穿越。多年以后,我学了芬兰自然教育,终于知道了,豁达开朗与大自然有关,好奇心与大自然有关,内驱力依旧与大自然有关。童年的户外经历对一个人的成长终身有益,绿树、蓝天比人类存在的时间更久远,它们是环境，更是我们的盟友。我们都是宇宙的成员，当我们感觉缺少力量时，就去户外，去爬山，去公园绿地，那里有无数山石与花草等着与我们团聚，等着为我们赋能。

如果你在一个陌生的城市，如何快速成为大自然的朋友呢？答案是上网搜"同城一日游"。你会看到很多条在某公交、地铁站集合的周边一日游的召集信息，费用自付，比起参加商业旅行团、约同学或同事都要简便得多。

根据我多次转场城市办公的经验，这是非常好用的方案。我曾经跟过宁波鄞州的团队，有一百多人乘坐公交出行，有一位长者吹着口哨带领大家穿行山村，大家从陌生到熟悉，通过几次结伴出行就实现了，还可以吃到你不曾了解的当地特色饭菜。

松弛感的第三要诀：设定梦想

由于工作的原因，我调转过几个城市。每次去一个新岗位，我都被告知是短暂停留，估计是六个月或者一年，所以我自然不会计划安家落户，只会更卖力地工作，更开心地去玩。除了对山林、对运动的习惯性安排，我更多的时间是在办公室度过的，以加班为乐。2009年司庆征文时，我写了一篇《别样加班》的文章，获了二等奖。我的经理说："我在台下听，以为是'别让加班'，顿时佩服你，心想这也敢写。原来是'别样加班'，你怎么那么爱加班呀!"

我非常享受加班的过程,职场生涯中也有几次难忘的加班熬夜的趣味时刻。直到39岁,我还在乐悠悠地享受加班。一位斯坦福大学毕业的实习生小妹妹陪我加班,晚上九点半,我们边走边交流七七八八的业务流程,她忽然问我:"姐姐,你有什么梦想?"

"梦想?当然有,结个婚,生个孩子。"

"不结婚也行,生一个孩子!"我这样修正道。

她说:"姐姐,那你不能天天加班呀,你要去相亲,不说每周一个,一个月总要见一个人吧!"

这话说得没毛病,要生孩子,需要先找到对象,相亲火速安排起来。

我在姐妹们的帮助下,火速相亲,并在四十岁的年纪正式当了妈妈。松浦弥太郎曾经说过:"假设人的平均寿命是八十岁,四十岁刚好站在人生的折返点。"还记得我在大学时,为了鼓励读高中的弟弟,给他写了一封信,告诉他"人生四十始",只要努力,就不怕晚。没想到多年前丢出去的种子,种在了自己的身上。四十岁,托了孩子的福,我正式体验了完整的人生,学习相夫教子,体验家庭试验场的酸甜苦辣咸,同时追求着人生平衡。

我时常想起那位小妹妹,感激她善意的提问,让我展开更丰富的人生画卷。斯坦福大学有一门厉害的人生设计课,人生不设限，每个人都应有3个奥德赛计划。这些计划可以从1.0版本开始，小步快走，不需要完美地思前想后。生命中很多决定，就在刹那间做出，想做什么就去做，不需要害怕，最差就是保持现在的样子。每一天都是新的开始，你要敢于为自己的人生做设计，也要勇敢地面对不期而遇的幸福。

松弛感的第四要诀：导师加持

我们生下来就擅长学习，会向父母学习，向其他家人学习，更多的时候，我们会向老师学习。除了学校教我们知识的老师，你更需要一些好的人生导师，之所以是一些而不是一个，就是要博采众长，不要局限在某一个方面。这些导师，未必比你厉害，但导师很会提出问题，或者比你早经历了什么。

这些导师在哪里呢？可以是你的领导、你的同事，可以是你的孩子，还可以是你够得到的厉害的人以及电视剧里的角色、古圣先贤。

十多年前，有一位同事姐姐退休回到了老家。她告诉我，退休工资只有两千元左右，而且还是处于家乡中等偏上的水平。那一刻，我很震惊，勤勤恳恳在工作岗位上工作了半辈子，到了退休需要照顾的时候，收入却断崖式地下跌，这可怎么行？想想几年后，我也会像她一样，拿着微薄的退休金，但我还要养育一个

> 真希望你像我一样只取悦自己

未成年的孩子,这是万万不可以的。这位退休的姐姐成为我人生中的一位贵人,从她那里,我看到了提前规划的重要性,于是,我一边做着各种保单的保障安排,一边开始探索各种提升价值的可能性。为了生计,投资自己,尤其是头脑。

2016 年,初遇 Angie 老师,开始知识付费学习,这也是我投资头脑的重头戏的开端。

42 岁,为了家庭团聚,我带孩子携父母搬迁到北京。虽然有家、有工作,不是从零开始的"北漂",但也要适应全新的环境、新的领导风格。很快,我从稳定的后台运营岗位转到前台拓展,做销售没人脉,带团队没方法,陪孩子不专注,凡此种种,总是让我感觉能力不足、时间不够。

2017 年春天,我准备引入一个项目,非常希望项目能够顺利落地,取得突破性的销售业绩。然而,我的销售技能为零。我飞去深圳汇报,一路上,内心不断地问自己到底要什么?怎么才能管理好时间?怎样才可以过好后半生?飞机落地,我打开手机的瞬间,弹出一条 Angie 老师在在行平台上一对一咨询的时间表。前一周,我在线听过 Angie 老师的一堂时间管理课,听到了很多新词汇以及新方法,从知道到做到还隔着一段距离,必须要打破旧习惯。这次,我果断地付费,我要向有方法的老师请教。

那是一个温暖、有微风的上午,我从福田中心书城骑着自行车到罗湖的一间咖啡馆赴约。在轻柔的音乐里,我凭直觉认出了用平板电脑工作的 Angie 老师，毫无保留地聊起了我的故事、需求与困惑，不介意眼前的"在行"专家年龄比我小一轮还多，也不介意在她面前暴露我的不足。可能是因为刚刚运动过，脸上泛着光，也可能是我毫无保留的表达吸引了她，在我们分手时，Angie 说："如果我在 45 岁时，可以有你这样的状态，那就太好了！"Angie 老师不到四十岁，已经成为上万名学员的楷模，成为福布斯环球联盟创新企业家，她活出了不设限的人生。

此外，我还陆续结识了行动派、芬兰儿童技能教养法、杰伴成长的很多导师，充实了我的业余时光，迭代了我的认知，洗涤了我的心灵。

我们生活在一个非常开放的时代，互联网的发达、知识付费的兴起、学习资源铺天盖地，只要你想，就没有找不到的课程。最近七八年，我学习了上百门大课、小课，结识了五六千个同学，也受教于十余位恩师与教练，我主动给自己配置了周全的知识保障。

你也许会问，身处金融行业，你不能靠专业的金融知识多赚钱吗？朋友们基本不会问我这样的问题，因为朋友们知道我的工作性质，了解我的职业操守。身为从业者，有行业禁止项，我一直记得这条禁令。守规矩是其一，对金钱、数字不敏感是其二，这样的"天赋"挺适合我的。我喜欢我的选择。

一位同学说："智商不够，钱来凑。"那是用来形容他给女儿补课花钱时的心态，我却牢牢地记住了这句话。从小到大，我就不是学习成绩优秀的学生，为了提升自我价值，投资大脑，我从不手软。

付费学习，我不心疼金钱吗？我对金钱没有执着的追求，我的父辈都是从一无所有过来的，人生并不会因为钱少而过不下去。认真投入工作是因为我喜欢，薪酬从来就不是我关心的东西，能够养活自己，就可以付出时间去学习与进步。不会管理经营，就自费去请企业教练。每次看到喜欢的课程，我都会毫不犹豫地付费。当我有选择的时候，我宁愿不住大房子、不穿名牌，而是将长见识放在第一位。当学费有点贵时，我心想：就当炒股亏掉了，挺好的。慷慨，是一个好习惯，也是非常优秀的品质。施生富，乐善好施，人类历史上伟大的名人，都为世界创造了财富，都是慷慨的给予者。

金钱用掉，还可以赚，可是学习时间从哪里找？精力从哪里要？

这是两个好问题。你再有钱，未必有时间；即便有时间，也未必有精力。

正当我为每天的学习时间而感到困扰时，公司调我去更远的地方上班，通勤时间从往返一刻钟变为单程一小时。"塞翁失马，焉知非福。"这来回两个小时的通勤时间，成为我这几年最精华的学习时间。正因为远，我有了两小时可以自由支配。每当挤进地铁，就开始享受个人时光，没有孩子、没有同事、有充分的理由不用处理工作，时间完全在我的掌控中。别人刷剧、打游戏、看八卦新闻，我一个都不爱，而是学习各种课程，写各种作业，做各种思考。

当你想要时间，就去付出更多努力把事情做好，帮助与你相关的人节省时间，甚至，越是没有时间，越要安排静思冥想，帮助你更专注，也要更遵守作息时间，利用好从晚上十点钟开始的身体黄金恢复期。你要舍弃一些事情，舍弃八卦的时间、应酬吃饭的时间，与无意识的日常生活习惯保持距离。

这种对碎片时间的应用方法，来自 Angie 老师在《学习力》中对暗时间、黄金时间的觉察，把悄悄流转的暗时间转化为黄金时间，为我们提升精力。

Angie 老师实现了自己的梦想，同时，她影响了上万名学员造梦蝶变，我的梦想也一定会实现。我将所学、所经历的过去，提炼出人生幸福的三驾马车，我愿意分享给世界上所有爱学习的、暂时遇到困扰的人们，尤其是全职妈妈和对即将到来的退休生活毫无安排的职场人。

幸福是什么？

古希腊哲学家亚里士多德说："幸福是人类共同追求的目标。"

幸福是过程，是你在日常工作和生活中的体会和感受。如果

真希望你像我一样只取悦自己

你感觉不够幸福，那就改变日常。幸福不是结果，不会在生命的尽头获得一枚印章：这是一个幸福的人，所以千万不要说："等我老了，我就幸福了。"不用等，此时此刻，你就是幸福的。

你看，每天早晨你都会醒来，是不是一件令人兴奋的事？你醒来，呼吸着每一口空气，感受着家庭的氛围，是不是很幸福？你吃健康的有机食物，为身体输送养分，是不是特别香甜？当我们与孩子告别，祝福他："今天要开心哦！"想着晚上你们见面的时候拥抱的场景，是不是也觉得很开心？

你在工作岗位上，做着喜欢的工作、你拼尽全力地去运动、你去户外呼吸新鲜的空气，看着蓝色的天，听着鸟儿在叫，这不幸福吗？

你遇到了一件棘手的事，你之前从未遇到过，你意识到，这个阻碍就是来帮助你成长的，你将比过去更强大，是不是也增加了幸福感？

感谢你的阅读，感谢这些文字让你感受到幸福！当我们在感恩时，升腾出美好的感觉，这就是幸福！

我是幸福力教练姜姐姐，我是一个自信、温暖、开放的女人，我在这里守候你！

品乔

正高级工程师

个人品牌商业顾问

主副业平衡的二宝妈妈

职场二宝妈妈的副业成功之路

我是品乔,是一位职场二宝妈妈,也是一位在职场之外打造个人品牌的创业者。

三年前,我注册了一个微信公众号"品乔的学习与思考",开始用品乔这个名字写文章,服务了数百位学员,教他们像我一样在主业之余开启副业,打造个人品牌。

中年危机来了,我该怎么办?

在很长一段时间里,我都充当被别人羡慕的角色。作为985

院校的硕士毕业生，起点就比一般人高很多；毕业后，找了一份解决北京户口的工作；能力强，在工作中，备受领导赏识，和同事们的关系也很融洽；结婚后，有一儿一女，家庭幸福，生活美满。

在别人看来，我成绩优异，名牌大学毕业，现在的工作稳定，工资也还不错，算得上有一个完美的前半生。

但三年前，我极度不自信，觉得自己的生活一直没有太大的改变。每天下班就围着孩子转，离开这份工作，不知道能干啥，看到好友在朋友圈做副业，也想多赚点钱，但又怕自己干不好，也怕会因为做副业，照顾不好 2 个孩子。有时，越听书就越焦虑，觉得自己很匮乏，生活里要改变的地方太多，学不完的东西让我恐慌，有一种身陷中年危机的感觉。

8 个月学习 60 多门网课，重新打造学习成长闭环

彻底发生改变的那一年是 2020 年，我被隔离在湖北婆婆家。除去带孩子的时间，我终于有时间去做自己想做的事。

我开始大量付费学习，不同于之前自己听课学习，这次选择了带社群的学习营，跟大家一起打卡通关。

8 个月学习 60 多门网课，这并不是一开始学习就给自己设定的目标，相反，当时的想法很简单：能学完 10 门课就不错了。

毕竟还有2个孩子要带，而女儿还不到1岁，所以我很清晰地知道：有余力就学习打卡，哪怕只有几分钟也比不学要强。**不再拼尽全力，而是相信时间的复利。每天进步一点点，其余的交给时间。**

为什么我可以做到8个月学习60多门网课？

答案是圈子。

一群人可以走得更远。2020年，我参加的第一个训练营是小白理财营，我没有任何经济学基础，也没有系统地学过理财，但是学完那个训练营，我对理财产生了兴趣。我发现社群里有很多同学对理财感兴趣，于是大家就自发建立社群，当时的目标是把财商学院的15门专栏课全部学完，后来就真的用了三个多月的时间全部学完了。

大量学习之后，我开始重新打造学习成长的闭环。

闭环思维来自美国质量管理专家休哈特提出的休哈特循环。对于简单的闭环而言，你可以理解为这是一种确认和反馈的过程。

这个概念你可能会觉得抽象，我给你展示一个闭环路径：工作很累——没时间学习——能力得不到提升——不能晋升——继续待在原有岗位——工作依然很累。这显然走进了一个负面的循环，**闭环不对，人会越来越累。**

什么是正向循环呢？

工作很累——提升工作效率——工作相对轻松——在业余时间学习提升自己——不断掌握新技能——获得晋升。

在我刚进入职场的时候，被安排做一项非常有挑战的工作。有一段时间，我的工作特别累，效率特别低，项目没有任何进展。有一天，我突然醒悟，这样不行，光靠自己学习新领域的知识太慢，我决定形成自己的专家库系统。

我请同事帮忙提供专家名单，我挨个打电话，甚至去拜访。在大量的沟通之后，我终于理清了做项目的思路，有了方向之后，后面一环接一环，项目进展非常顺利。

现在，我经常被领导安排做新的项目，不出一个星期，我一定能拿出一个接近完美的方案。不是我的学习力强，而是这么多年有意识地去积累身边的资源和人脉，总能快速找到对的人，帮我梳理出思路。

以前，我习惯一个人看书、听课，还会做详细的笔记，但是从不和人交流，顶多思考一下哪些知识能用来提升工作效率。

学习——记笔记——思考，这样的闭环是多年校园学习的习惯，有利于考高分，所以我考了很多证书。

但是，这样的闭环没有发挥出学习力的威力，比如，你让我赚回学费，我就懵了。庆幸的是，在打造个人品牌的这几年，我跟随几位老师学习，重塑认知，重新打造了学习成长的闭环：看书听课——践行知识点——复盘总结成功路径——提炼方法——

教给学员——实现知识变现。

总结一下，重建学习闭环有两个步骤：

(1) 听课学习之后，一定要行动，行动最好是以解决问题为出发点。

(2) 复盘，把做成的事情提炼出一套可以被反复验证的方法，并教给需要的人。

向前一步，如何在主业之余开启副业

做一个打工人，打工的尽头是什么？

一波又一波的裁员，就连名校学生都不能幸免于难。打工的尽头未必是你以为的退休，也有可能是失业，一次又一次的失业。打工，只是权宜之计。因此，你在打工的同时，一定要尽早为创业做好准备。不要从打工人的角度去看待手头工作，而要从未来创业者的角度去看待。退一万步讲，就算你最终没有创业，你的高度和格局也远不是一般打工人可比的。

创业和打工最大的区别之一，是敢于设定目标和一定要实现目标的决心。如果你是拥有目标感的打工人，你是在持续积累创业的原始资本，包括资金和能力等；而完全没有目标感的创业者，只是换了一种形式在打工。对此，我深以为然。

曾经，我的人生目标非常不清晰，仅限于考上好大学、找份好工作。这种思想非常可怕，这意味着**要做好一个工具人，让别人来使用你**，无关乎工作的好坏。意识到这一点后，我决心开启副业，并认真对待。在做副业的这几年时间里，我有非常多的能力得到了提升：写作、演讲、运营、协调、沟通、信息处理、时间管理、知识整理……

最让我受益的是：看待问题的高度和格局。有了这个高度和格局，我发现在主业上，我能进步非常快，会站在更高的层面，去看待工作中遇到的一些人和事。烦恼会少很多，工作效率会提升很多。面对困难，不灰心，不找借口，千方百计去解决，把责任看得很重。至于技能的迁移和提升，那些不过是锦上添花。

如果你现在决心开启副业了，**我建议你第一步把学习当作副业。因为时间你不用起来，一天天就这么过去了。**

你的学习要先聚焦，后跨界。曾经有一段时间，我每天大量学习，强度大到每天参加5—6个训练营。这样的学习方式让我在前期很累，后期变得很轻松，**秘诀在于聚焦**。那段时间，虽然每天参加5—6个训练营，但我学习的核心点是副业赚钱。因此，虽然很累，但我在短时间内快速入门，打造出个人品牌影响力。

试想一下，如果那时候，我参加的5—6个训练营是分散的，副业、育儿、瘦身、穿搭、摄影……都去学一学，最后的结果可能是：我看似懂了很多，但哪个领域都不精通。因此，你要先找到一个领域，入门深耕，然后跨界学习，这样你才会在碰撞中产生更多灵感，打磨出个性化的作品。

我现在会花时间去学一些育儿、瘦身、收纳、穿搭、摄影等，**从跨界学习中获得底层的方法论，再泛领域迁移到我的线上赚钱课程体系中**。学习到了这个阶段会非常有成就感，因为每一次学完都有肉眼可见的进步。这种进步，对我来说，主要表现在文字输出上，会越写越轻松，越写越快乐。快乐会驱使我付费开始新的学习，不说多享受学习的过程，但我清晰地知道学到知识让我快乐，这就好比登山，过程虽然辛苦，但在山顶看到了不一样的风景，下次还会想要登顶。

学习之后，紧跟着就是习得。今天，你大量地听课学习，是为了搞懂，还是为了习得？

肯定是习得。

打造个人品牌之后，我学习如何运营公众号、拍短视频，不再要求自己听课之后做非常详细的笔记，把每个知识点都记住，但一定会要求自己定期写作、拍摄视频，把公众号、视频号做起来。

当你是为了习得，你一定会给自己找出场景目标，练熟。

2021年2月4日，我开通了公众号，提笔写下第一篇原创文章。2022年底，我写了100篇原创文章，共15万字。我是理科生，从小到大最不擅长写作文，但在2021年，从我决心打造个人品牌开始，我就给自己设定目标：写下去，没有退路。因为打造个人品牌，内容创作是核心，为了获得写作这项技能，硬着头皮也得写。这100篇原创文章大部分来自我在行动之后的思考与复盘。

如果你想获得写作技能，给你几个建议：

(1) 从写朋友圈开始，字数不重要，每天十几个字就行，重要的是养成文字输出的习惯。

(2) 大量复盘。我的公众号叫"品乔的学习与思考"，是用复盘的形式把学习与思考呈现给更多人。

关于复盘，你可以这样做：

第一个维度，做得好的地方，重复做。

第二个维度，做得不好的地方，要解决问题。

第三个维度，关注忽略的地方。

第四个维度，用文字呈现复盘，反复展望未来。

(3) 从现在开始写。当下，你就可以合上书去写，从此时此刻开始。公众号的原创内容对字数的要求是至少300字，我时常跟自己说，先写够300字再说，最后往往都超过了300字。你看到的这篇文章，如果我没有写够100篇原创文章，就无法写出来。

如果你想要在主业之余开启副业，给你几个建议：

(1) 把学习当作副业，充分利用时间。

(2) 把主业的技能迁移到副业上，会更加容易开启副业。如果想要挑战自己，一定要选择热门领域去开启副业。

（3）学会布局，看看当下做的事情能不能连点成线，影响未来的发展。

（4）不管是主业还是副业，都要想办法让自己变得更强大。这样，在未来的某一天，你才有权利对你不喜欢的事情说不。

开启副业之后，主副业和家庭保持平衡的黄金法则

决定做副业之前，我犹豫了好久，担心副业影响主业，担心陪伴孩子的时间少了，担心投入那么多，最后会一无所获。后来证明，想出来的都是问题，切忌试图通过想把问题解决，问题的解决只能靠做，机会都是做出来的。你看我现在所有的成绩，主副业、家庭的平衡，美好的生活状态都来自持续地去做。

在做的过程中，我总结出了一个黄金法则，叫底层方法迁移。主副业和家庭平衡处理不好不是因为时间不够用，而是因为认知不够高。

我把个人品牌方法迁移到育儿领域，解决家庭、事业的平衡问题。打造个人品牌的第一步是确定优势定位，我帮很多学员分析优势定位，聚焦优势后，做事情会轻松很多。一个人的自信是建立在优势上的，你很难在弱势上建立自信，而事实上，任何一种优势都来自自信。在陪伴孩子成长的过程中，我就用优势定位

法挖掘孩子的优势，会把培养优势作为教育孩子的方向。如此一来，我育儿的时候就不会焦虑，更不会拿别人孩子的长处和自家孩子的短处去比。我清楚地知道孩子的优势是什么，聚焦打磨优势就好，因此远离了很多情绪内耗，我的孩子们也越来越自信。你看，通过底层方法迁移解决了我育儿的大问题，想明白了教育孩子未来的方向在哪，在面对未来的时候就会更有信心。

在主业上，我也用迁移法。从 2020 年开启线上副业时，我就形成了清晰的思路：**主副业不做取舍，只求平衡**。如此一来，不去跟那些优秀的全职创业者比，而是把重心放在主副业的平衡上。

我经常把从副业学到的知识点往主业上迁移。比如，在做副业的时候，经常用卡片写作法大量输出文章。把这个方法在主业上做了迁移之后，我用 3 小时完成了 60 页 PPT 的制作，而以前我需要花 3 天的时间才能完成。

在主业上，我经常需要培训，就用卡片思维法把 PPT 的制作进行拆解，不再按照一个大的主题去制作，而是把 PPT 做最小模型，就是针对一个问题做几张 PPT。这就借鉴了知识卡片思维，形成最小的模型，将来才容易整合成大的内容。还有分类，把 PPT 进行元素分类，命名的时候做好标记，这样就方便搜索。

按照搭建好的主题，把相应的 PPT 进行整合填充，最后的结果就是 3 小时完成以前 3 天的工作量！**主业高效，省下来的时间**

就可以学习更多新的知识，带来更大的效率提升，产生更多的工作成果。

如果你想要使用底层方法迁移，可以这么行动：

第一步，认真学好一个知识点，打通最小闭环。

第二步，留意工作、学习、生活中遇到的问题，试着用你学到的新知识解决旧问题，像我就用卡片写作思维提升工作效率。

第三步，重复前面的两步 2—3 次，你会形成知识迁移的习惯。

副业之路上的平衡与成功

由于我的思路是主副业不做取舍，只求平衡，因此，这些年来，副业一直是副业，我永远在主业完成得很好的前提下去做副业。

状态对了，事就成功了一半。如果状态不对，比如越学越焦虑，越想改变，越拿不到结果，想赚钱却一直没赚到，就要停下来思考，现阶段的人生重心是什么。拿我来说，我的重心一直都是平衡，当不确定自己是否在做对的事的时候，就问自己一个问题：现在做的这件事，对当下的重心是有帮助的吗？这样就会把自己拉回主路径，你就能找到属于自己的最佳赛道。

把学习当作副业，你要相信有了更多知识，你变好的可能性就更大。学习也好,做副业也好,不是为了马上找到答案,而是持续发现未知的风景。只要耐心走下去,走着走着,就会发现一些意想不到的、从未见过的风景。

我们可以有一种能力,就是不管在什么环境中,都可以从环境里学习成长,不要去抱怨环境,而是用行动去改变,创造出自己理想的环境。

我还在努力,也希望自己通过努力去获得这种力量,未来很可能不会一帆风顺,所以心想事成只是一句美好的祝福。但是,我亲爱的朋友,我们都可以比曾经的自己更加强大,一起加油。

梦莹

轻创业导师
Angie价值变现私董
金钱能量关系咨询师

我是梦莹，我只是我自己

我是定居日本已经 16 年的梦莹，我是一个从小就没有自己梦想的人，我的人生是从我找到自己的人生使命时开始的。你一定很好奇，我是如何找到自己的人生梦想的，希望我的故事能给你带去勇气和力量。

我是一个乖乖女，按照妈妈的意思，上给我安排的学校，高中一毕业就去了日本。可是，我还想偷偷地让你知道，我其实是一个叛逆女。考高中时，因为妈妈的一句话，我就放弃了拼命学习、考进重点高中的想法；考大学时，又是因为妈妈的一句话，我就放弃了和很多高三学生一样努力备考的想法，觉得高考分数

> 真希望你像我一样只取悦自己

已经和我再无关系……

就这样,我和很多留学生一样,上日语学校,然后考大学。顺利毕业后,进入一家工资还不低的日企金融公司,接着我就结婚、生子,然后辞职了。当时的想法就是给孩子最好的陪伴,我先生也没有提反对意见。

犹记得30岁时,是我来日本的第10年,我第一次被救护车送进了医院,我哭着一个劲儿地说:"对不起。"那时候,我的孩子才28周,就要被迫早产,我不停地问医生,我能不能不生?能不能继续保胎?可等来的回复只是医生简单地说"simimasen(对不起)"。

6年过去了,那天晚上的经历还历历在目。现在想想,我很感恩。也许是因为自己以前无意识地种下了很多好种子,才会有了那一次的奇迹发生。我知道,只要我相信,奇迹就会发生。

虽然孩子最后还是早产,但是因为我努力保胎,所以生下了算是很健康的早产儿小豌豆。在保胎的这一个月里,我全天24小时不停地打着点滴,不停地抽血化验。当我静静地躺在那间病房里,周围都是帘子,抬头见棚顶,低头见针眼时,我突然就明白了很多事情,明白了孩子对我的意义、家庭对我的意义、我对自己的意义。

孩子于我,是上天的礼物。我一直在思考如何更好地陪伴他,因为我小时候有过缺失,所以我明白孩子0—6岁陪伴的重要性，要不当初也不会不再找工作，想着去做一名全职妈妈。一提到这个词，我就能想到，肯定很多人会觉得我其实是为了逃避工作，才美其名曰地把自己说得很高尚——陪伴孩子，在家早教。

诚然，这种说辞我也听到过。那是在我生下第一个孩子半年后，听我先生说起过，说他有个女同事问他："为什么你太太不出去工作？"他不知道怎么回答，原来我在他的眼中也是一个逃避工作、只想当一个轻松的宅家妈妈的人。

我没有为自己辩解什么，但我知道这件事成了一根导火索，再加上我开始有了产后抑郁的倾向，于是我开始否定自己，觉得自己做什么都不行，除了带孩子，可是谁不是这样带孩子呢？我会经常低迷，爱抱怨，不自信，然后不断地去寻求被注视的感觉，我和我先生的关系也变得非常紧张。

后来，我做了 5 年副业，我学会了不断地提升自己。从一个什么都不会的"小白"妈妈，一步步通过自费学习，到今天手持十几个关于育儿、财富的证书，我才发现，一直支撑我意志坚定地向着梦想往前走的人从未改变过，那就是我自己。

我只是我自己。很多人都叫我豌豆妈妈，是因为他们觉得我是一个特别会教养孩子的妈妈，即使我生了二胎，也能很好地平衡孩子们和我已经做了 5 年的副业，可是他们从来不会去想我只是梦莹，一个终身成长、想要终身做教育的自强的新女性。

> 真希望你像我一样只取悦自己

日本"经营四圣"之一稻盛和夫在《成功激情》一书中写过:"心不唤物,则物不至。"其实刚看到这句话时,我没有很多的感触,因为那时候的我,副业刚刚起步,走过了太多弯路,也不懂我能向谁去寻求帮助。直到我一路靠着摸爬滚打,挣到了自己的第一桶金 10 万元后,我做了个大胆的决定——果断地投资自己,就这样走上了我新的求学之路。后来,我如愿挣到了我的第二桶金、第三桶金……直到现在的第七桶金 10 万元。这都归功于我在 33 岁那年找到了我的人生导师,一位连面都没见过,仅仅通过一通时长 20 分钟的电话,就让我愿意为之付费高达六位数的老师。她给了我 5 个建议:保持好奇、不断尝试、重新定义问题、保持专注、深度合作。就这样,我做了我前半生最重要的决定:成为她的终身私董。她就是我的恩师——快要出版第 7 本书的 Angie 老师。

2021 年 5 月 4 日,那天是我在大连隔离的第 12 天。挂了电话,我就开心地对自己说:"梦莹,你太棒了!你通过了 Angie 老师的审核,你成了她的私董,你会成为更优秀的自己。"因为这个明智的决定,我真的在 Angie 老师的支持下,一路走来,学会了副业变现、掌握了时间管理的妙招、提升了心力。没想到,今天的我居然也能着手开始出书,我找到了自己的梦想,我也成长为让自己都骄傲的人。

没有想到,一推出自己的第一款咨询产品,就有 20 个人支持自己，并且得到了意外的收获：一位老大姐客户直接向我支付了 666 元，一位有着 9 年从业经验的心理学咨询师客户找到我进行咨询，给了我好评，还一位客户甚至支付给我双倍的咨询费用……这都让我更加有自信去面对更多的人，为他们进行金钱关系咨询，帮他们增加财富。我找到 Angie 老师，和她说："老师，你觉得如果说几个字就能让别人记住我，那么这 8 个字'靠近梦莹，梦想丰盈'可以吗？"因为我想让别人靠近我时，都能被我身上的正能量影响。当客户遇到卡点来找我咨询时，我能给对方的不仅仅是一些书本上的理论知识，而是我这 5 年来学到的、坚持做到的、有结果的东西，让他因为我的帮助而有勇气去实现自己的梦想。和我做完金钱关系咨询后，有的人打开了与父母的心结，有的人提升了财运，有的人学会了如何制定目标，有的人扭转了夫妻关系等等。

当我说完后，听见 Angie 老师对我说"特别好"，我觉得再心有忐忑，也变得更有勇气去面对了。我不再只想着我自己的梦想，而是想带动更多的人找到他们的梦想。

看着自己的转变，我开始深思我和我先生的关系。先生于我的意义，不再只是丈夫，他还是我的朋友。以前，我对他总是埋怨，觉得他什么事都憋着，不和我说，从不自觉帮我做做家务、带带孩子，更不用说给我制造浪漫、送礼物之类的。可当我读了很多关于亲密关系的书，上了很多这方面的课，考了国际鼓励咨询师证后，我才发现，原来我是改变了我自己，才提升了我们的幸福力。

我想起了曾经杨绛老师也说过，她和钱锺书老师的关系就像是朋友一样，所以才有了这让人羡煞的一世情缘。我记得杨绛老师在《我们仨》中写道："我们这个家，很朴素；我们三个人，很单纯。我们与世无求，与人无争，只求相聚在一起，相守在一起，各自做力所能及的事。碰到困难，我们一同承担，困难就不复困难；我们相伴相助，不论什么苦涩艰辛的事，都能变得甜润。我们稍有一点快乐，也会变得非常快乐。"

很多婚姻先不说幸福与否，就说打开心灵，多与伴侣去有效沟通，有多少人能做到？当初的我其实也做不到，因为聊多了，他就会嫌我烦，久而久之，我们之间，沟通都是一种奢侈，更别提有效沟通。当初的我，最大的需求和恐惧其实就是和我先生有效地沟通。现在的我，开始尝试真正去理解对方，所以，我们的关系在向着越来越好的方向转变。

用心去爱，这四个字真的不简单，所以，当我读到杨绛老师写的"夫妻该是终身的朋友，夫妻间最重要的是朋友关系，即使不是知心的朋友，至少也该是能做伴侣的朋友或互相尊重的伴侣。情人而非朋友的关系是不能持久的。夫妻而不够朋友，只好分手"时，感触特别大，因为我庆幸我没有一个人从日本拖着两个孩子回家找妈妈，我更庆幸，我及时发现了我们自身的问题，去做有效沟通。两个人在一起,并不是幸福的结局,它其实是真正生活的开始。爱情里有挑战的日子,是以柴米油盐为起点的。用心经营,才会维持美好的亲密关系,让两个人都感觉幸福。

我希望当我有一天去回忆往昔时,我的先生也曾对我说过这样的话:"见她之前,从未想结婚;娶她之后,从未后悔娶她。"

于孩子,我是他们的妈妈。那个坚持0—6岁在家早教、很有方法的妈妈,那个也会被气得哇哇大叫的妈妈。

于我先生,我是他的朋友。我们互相理解,互相欣赏和吸引,互相支持,互相鼓励。

于我,我只是我自己。定居日本16年,生了2个孩子,不后悔辞职当家庭主妇;从0开始,成为一个全能型的自己,招募得了学生,讲得了课程,做得了咨询,带得了团队,服务好用户,想要终身做教育。

最后,我想说,我们都渴望命运的波澜,但你会发现,人生最美妙的风景,竟是内心的淡定与从容;我们都期盼外界的认可,到最后才知道,世界是自己的,与他人毫无关系。我就是我,我是梦莹。靠近梦莹,梦想丰盈。

媛媛

时间管理教练
媛媛时间管理创始人
创业公司联合创始人

做自己人生的设计师，活出最高版本的自己

你好！我是媛媛，是两个男孩的妈妈，同时也是时间管理教练和创业公司的联合创始人。

下面，我从几个方面讲述我的故事和一些人生突破的经验，相信看完后，你一定会有所启发。

我的前半生

30 岁那年，我成为妈妈。我初中毕业就进入工厂流水线工作，月薪仅有 600 元。后来，我一边上夜校，从中专到专本，并获得了对外经济贸易大学的学士学位，靠着这个文凭和较强的英语交流能力成功跃迁，进了一家非常好的外企，做英文翻译兼总经理助理，收入也渐渐丰厚起来。

由于习惯了节省和理财有方，我开始把挣来的钱投资在房产上，正好赶上房产红利时期，买了自己人生的第一套房，同时帮爸妈在农村盖了楼房。因为房子的房租能够供贷（自己住每月租金几百元的农民房），所以接下来赚到的钱又可以继续投资在房产上，在房产的红利时期，我在深圳购买了多套房，人生也从此顺利起来。我还完成了人生大事，找到了爱我的上进的老公，有了两个聪明可爱的儿子。

自从当了妈妈之后，我像大部分妈妈一样，开始把重心放到家庭上，慢慢地进入了温水煮青蛙似的舒适圈，一度还搬到海边的养老房里住了2年，因为环境非常好，老妈还在那里种上了有机蔬菜，过上了一种好山、好水、好无聊的生活。

分享到这里，很多人可能会认为我找了一个有钱的老公，其实不是的。我老公认识我的时候，他无车无房无存款，只拿着3000—5000的工资。后来，通过我们共同的努力，事业、家庭、财富等都经营得不错，所以我才能够放心地进入安逸状态。

由于喜欢折腾，新鲜劲儿过去之后，安逸度日实在难受。我每天的主要工作就是带孩子，每月收收租金，看看理财收益，偶尔处理一下公司的事情，然后就是看电视、吃喝睡等，过着一眼就能望到头的生活，人生毫无意义和价值感。用现在的流行语来说，就是"躺平式"的生活。

我相信真正长时间体验过这种生活的人，内心是不平静的，人生的价值和意义感是缺失的。这也是很多已经实现了真正意义上的财务自由的成功人士到了八九十岁也不退休的原因。

寻找突破，从学习、行动、分享开始

过去七八年，我妈一直都在我身边，帮助我处理家务琐事，所以即便后来有了二胎，我还是有很多自己的时间。幸亏我认识了时间管理大师 Angie 老师，才让我的时间逐渐地充实起来。

自从学习并践行了时间管理，我把人生各维度都安排得井然有序。不到两年的时间，我的人生有了非常大的改变，也看见了自己身上的潜能和价值。

最近两年，我妈需要在老家照顾奶奶，无法继续帮我，所以我多了很多琐事，但由于我掌握了时间管理，所以应对自如。

在此，非常感谢我父母的支持和体贴，我有孩子之后，他们一直帮助我处理日常生活中的琐碎事情。在我真正拥有时间管理能力之后，才让我独自面对这一切，否则我非常可能把生活过得像大部分妈妈那样一地鸡毛。

时间管理，让我无论面对何种环境或状况，都有信心把自己的时间安排好，能快速找到自己的节奏，游刃有余地处理好各方面的事情，能兼顾家庭和公司，同时副业还不断地有突破，此外，每天还有大量的时间用来学习、健身、休闲等。

很多小伙伴都跟我说，把我设为微信星标好友，没有内心力量的时候，翻翻我的朋友圈，就能得到很大的鼓舞。很多学员也跟我说，他们掌握了时间管理这项技能之后，把自己的工作和生活打理得井井有条，精神状态也越来越好，有目标、有追求和期待，一切都在正向循环中。

这些经历让我越来越相信："人生就是一座富矿，有待自己去挖掘。"

充实地过好每一天，发挥潜能，助人达己

自从接触了时间管理，我真切地感受到了这个能力的重要性，同时开始做这项副业，希望能把这项技能传授给更多想要改变现状、想让每天都活得更加充实的小伙伴。

在此特别感谢我的人生导师 Angie 老师，是她带领我一步一步开启我的副业变现之旅。我很荣幸在一开始就找到了非常优秀的导师，让我在这条路上非常有底气和信心。

在 Angie 老师身上，我学到了很多专业系统的知识，她本身就是时间管理达人，事业、家庭、财富、人际关系等都经营得非

常好，同时也是两个男孩的妈妈，而且孩子的年龄还差很多，是我的榜样。

由于热爱，我把市面上几乎所有权威的时间管理书籍，还有相关领域专家的课程都研究了一遍，所以非常有底气和信心把这份事业做好。

副业的开启，让我多了一个收入渠道，更重要的是让我找到了人生使命，让我每天都过得非常充实和有意义。

另外，由于各方面能力的提升，尤其是时间管理能力的提升，我敢于面对未来任何不确定的因素，也笃信未来一定会越来越好。

在这里，我真诚地分享一个快速突破自己的捷径，就是向有大爱、有格局、有结果的导师学习，因为他们会让你避免走弯路，并快速拿到结果。如果目前条件不允许，那么一定要多看书，多结交积极、有正能量的朋友，有利于看清自己。山本耀司说过一句话："'自己'这个东西是看不见的，撞上一些别的什么，反弹回来，才会了解'自己'。"

高效时间管理：重塑命运之路

我身边很多小伙伴都想问我一个问题，如果你了解我的话，相信你也会对这个问题感兴趣：我在管理好实体公司的同时，又开展线上事业，平时还要照顾好两个孩子，还要花很多时间学习、健身等，这些我都是如何兼顾的？

我是一名践行终身学习的爱好者，在人生不同阶段，会根据自己的需要和现状，学习对自己而言最重要的东西。比如，刚进入社会的时候，觉得自己没学历，就会在工作的同时，把学历提升上去；开始有点积蓄的时候，会关注如何理财；在孕期，会努力学习如何养育孩子；人到中年，相对安逸了几年，但也努力改变。

总之，管理好自己方方面面的一个非常关键的点，就是凡事提前，站在未来看现在，然后储备未来一段时间需要的能力。当你真正步入那个阶段的时候，无论是关于认知还是方法，都胸有成竹，所以不会慌乱，而且很容易把一切都做得井井有条。比如，我近几年关注的一项非常重要的能力，就是时间管理能力，因为各方面需要统筹规划的事情确实太多了，说回刚才提到的那一点，很多小伙伴对我人生各方面是如何兼顾的很好奇，答案就是时间管理。

你关注什么，就会成为什么；同理，你重视什么，你才会在那方面做出相应的努力。

3年前，我第一次正式系统地学习时间管理，当时的感受也像我的很多学员反馈的那样，震撼、相见恨晚、对时间有敬畏感……我第一次给我的时间管理导师 Angie 老师反馈的是：每天写的待办清单，白天就能高效有序地完成，晚上可以高质量地陪孩子。

以前，我经常会面临以下几个问题：

（1）重要的事迟迟不想做，喜欢拖延。

（2）定了目标和计划，常常不了了之。

（3）喜欢玩手机或追剧等，明知要少做这些事情，可就是做不到。

（4）常常被各种杂事干扰，专注力严重缺失。

（5）生活全被琐事占据，没有个人的时间，每天忙忙碌碌，却永远有做不完的事情。

我觉得这些也是大部分妈妈都会面临的问题，我也不例外。我现在主业、副业、孩子、兴趣等一把抓，轻松高效地过好每一天，这些都得益于时间管理能力的修炼，把以前大部分随性或被动的状态扭转为有序高效且自由掌控的状态。

请看以下由时间管理所带来的改变的数据盘点。

重视健康（作息、运动及饮食相关）

（1）作息：早上 5 点起床，晚上 10 点睡觉。5 点早起已坚持 1500 多天。

（2）跑步：连续 7 年跑步，每年跑 500 千米（每周至少跑两次 5 千米）。

（3）瑜伽：每周至少做 5 次。

（4）饮食：平均每天至少吃两餐营养健康餐。

（5）体重管理：至少连续 15 年保持 50—52 千克的健康体重。

规律的作息、科学合理的饮食和适当的运动是精力管理的重要基础，同时精力管理又是时间管理的基础，如果这一点做不到的话，时间管理也就无从谈起。

这也是为什么很多成功人士非常关注自己的精力状态，他们注重休息、锻炼、饮食和心理调节，因为精力是实现目标和成功的关键要素。有效地管理精力可以帮助我们更高效地处理工作，保持专注和创造力，并提升生产力和决策能力。

大量学习

（1）泛学：纸质阅读至少 50 本/年，听书至少 100 本/年。

（2）精学：向各领域的大师学习时间管理、个人品牌打造、商业咨询等。

另外，参加大咖高能密训至少 100 次/年，大脑每天都在刷新。

关于学习，我非常推荐培养阅读的习惯，这是拓展认知最好、最方便、最经济的方式。如果想把自己的认知进行落地，除了需要具备一定的决心和执行力之外，最好有相关领域的导师带教。专业的事，找有结果的老师带教是最有效率的，比自己慢慢摸索强一万倍。

大量输出

（1）咨询至少 100 次/年。

（2）不定期赋能学员至少 300 次/年。

教是最好的学。通过大量学习并输出，全面提升我的商业思维力、管理力、表达力、影响力和成交力等等。不断的大量输入和大量输出，使我由内而外获得能量和自信，更重要的是有价值感！

时间管理的终极秘诀：事半功倍的成功法则

高效利用时间，赢得时间竞赛，能释放个人潜能。关于时间管理，我分享 3 个非常重要的法则。

以终为始，避免瞎忙

目标非常重要，就如出发的时候要有目的地，如果能借助 GPS，你可以更快更准地抵达目的地。

一个没有目标的人，就像一艘盲目航行的船，任何风都是逆风！

我在过去多年的咨询中，碰到过非常多相似的案例，比如有人盲目考证，当被问到为什么要考这个证时，他自己也说不清楚。

不久前，我碰到一个人准备考一个职业资格证。我问他，拿到证并换相关工作是你真正想要的结果吗？他茫然了，因为即使拿到证，成功换到相关岗位，并不会给自己的生活或经济带来多大的改变，而且那也不是自己热爱的工作。

当做一件事情的时候，如果很清楚做这件事的后果是什么，你就可以很好地避免瞎忙，所以做任何事情都要有以终为始的思维习惯，凡事向后多思考几步，你就知道某件事该不该做。

高能要事，让你效能翻倍

高能要事就是指在你精力旺盛的时候，去处理重要且有价值的事情，此时你的效率能翻倍。如果你在比较嘈杂的环境中，很难集中注意力，那么你就要人为地去创造或选择一个适合你的环境，要学会保护和利用自己精力旺盛的时间段。

很多人没有高能要事这个概念，大部分事情都是被动地去处理。当你精力不足的时候，做事效率是大打折扣的，此时只适合做一些不太需要思考的事，或做一些能让自己放松的活动来恢复精力。

这也是为什么有些人 24 小时能有 48 小时的产出，而有些人 24 小时最多只有 8 小时的产出，这跟高质量精力的利用密不可分。

时间的复利和威力，看得见！

见缝插针，注重碎片化时间的利用

见缝插针是现在这个时代非常重要的一种能力。每个人的大段可控时间都很有限，所以碎片化时间的利用也很宝贵。

见缝插针，首先你要知道自己在碎片化时间要干些什么事，而不是一有空就刷剧或看小视频等，这些只能提供一时的快乐，事后往往会有懊悔、焦虑等不良情绪。要修炼好见缝插针的能力，需要列出一份碎片化时间利用清单，并清楚目前这段时间需要干哪些事情。

比如，我写这篇文章的时候正值暑假，正在新疆开启全家旅游模式，大部分时间都在路上，所以我会充分利用好在路上的时间。出发之前，会向司机了解路程大概要多长时间，然后合理安排和利用车上的时间。

当精力充沛时，修改文章，回复信息、处理工作上的一些重要事项；

当精力不太足时，听书或听课，向导游了解一下当地的风土人情、人文趣事，跟孩子玩等；

当感到疲惫的时候就主动休息，并补充能量。

如果以上的事项全部反着来，或者想干什么就干什么，效率一定低下，甚至一团糟。所以，我即使在旅行中，也能够游刃有余地处理方方面面的事情，能够做到劳逸结合。以上任何一个时间管理技巧，都是你与他人拉开差距的关键。

时间管理能力是人生最重要的财富之一，让你在任何情况下都有能力和信心过好每一天。只要利用好时间，就能创造属于自己的辉煌。时间看得见，一起过幸福、有结果的一生！

E姐（李悦婷）

私域IP商业顾问
悦好私熟创始人
深圳电台特邀嘉宾
连续八年教育创业者
生命成长智慧践行者

此生，让自己成为最美好的作品

我是一位"95后"，很多人看到我的第一眼，都会以为我是刚毕业两三年的小姑娘，其实，我是一个已经连续创业八年的追梦女孩。

在我的整个履历中，有两个身份对我的改变非常大：一个是教育者，一个是创业者。

我有三段创业经历。

第一次创业，是在大二趁着暑假办了一个辅导班。在教学生们英语和语文的过程中，我很喜欢分享自己的成长故事。在辅导班结课的时候，我收到了很多学员的感谢信，他们说："老师，我希望未来可以成为像你一样的人。"那一刻，我开始体会到作为一名老师传道授业解惑的价值以及影响他人的成就感，让我对老师、对教育产生了深深的敬畏。

第二次创业，是大学刚毕业时，我被邀请去北方做大学生口语培训创业。我花了一个晚上来思考，最后决定坐18个小时的火车硬座去距离家乡1300多千米的北方创业，再从一线市场晋升为校区执行校长。在这个过程中，我接触了近8000名大学生，帮助他们做口语学习，解决大学规划、成长发展等问题。我一干就是五年的时间。

第三次创业，选择"裸辞"，回到深圳发展，不断思考自己的人生意义。我选择了从零开始，做自媒体创业，做自己的个人品牌，成立悦好工作室，希望可以帮助更多个体创业者打造个人品牌影响力，变得更贵，活得更好，帮助生命成长和做商业修行。

也许你的人生拥有100种活法，而打造个人品牌，可以帮你找到人生最爱的那一种活法，让你活在自己的热爱里，创造自己想要的人生。所以，我此生的目标，就是让自己成为最美好的作品，传递美好，带来价值。我相信，每个人都值得拥有一份自己热爱、擅长、把天赋变成财富的事业。希望你也有勇气大胆追梦，在热爱里恣意生长，奔向想要的人生。

改变，从找到内心的渴望开始。

真希望你像我一样只取悦自己

我来自江西吉安的一个乡镇。高中时期的我，是一个内向自卑的女孩，总是低着头，觉得自己是人群里不起眼的女孩。

来到大学后，我经常问自己，想要一个什么样的人生呢？

我开始想象自己未来的样子，并且不断种下种子，告诉自己："你是一个干大事的人。"

一个人所能获得的成就，大不过对自己的想象力。我觉得年轻时就应该不对自己设限，多想象自己未来美好的样子。

我告诉自己，我想变得自信，想变得更好，想成为家里人的骄傲，想要拥有人生不同的可能性。因此，我来到大学后，便抓住一切机会成长和折腾自己。

站在舞台上，积极竞选，成为班上的团支书；参加各种学生会组织和活动；代表班级去参加辩论赛；大一加入了院报记者团，开始写新闻稿，做各种采访；大二还竞选上了院报记者团的副团长。

除此之外，在学习专业课之余，我还在校外学习英语口语。为了参加活动课，周末坐公交车来回2个小时而不觉得累。寒暑假要么去学习口语，要么出去兼职创业。

"人生要不断尝试，才能有所作为。" 这句话带给我很大的力量，很多人因为害怕失败的痛苦，所以不敢尝试，因此人生就会少了很多机会。

正是因为我勇敢担责，成为班级团支书，才有了团队管理的经验；正是因为我参加院报记者团，才有了采访优秀创业学长的机会，在心里种下了一颗创业的种子；正是因为学习了口语，才能在暑期兼职时担任英语老师和副校长；正因为我在大二暑假创业后，萌生了做教育的想法，才会一步步奔向我的热爱。

人生走的每一步都算数，当你找到了自己内心的渴望，那就大胆地去尝试，去试错，去丰富自己的经历，你会发现很多意想不到的惊喜。

特蕾莎修女说："上帝不是要你成功，他只是要你尝试。"就拿作家 J. K. 罗琳来说，我们知道罗琳是因为《哈利·波特》，但并不了解她曾被拒了 12 次稿。罗琳的幸运来自她一次次的尝试，她并不比大多数人有天赋，在她幸运的背后，是夜以继日枯燥的写作。我相信即使被第 13 家出版社退稿，罗琳也会继续投稿，继续新的创作。

我观察到身边的很多朋友，总是因为害怕失败而不敢向前，或者还没有开始就先否定自己。在感情里，宁愿被迫相亲也不愿意主动向喜欢的人表达心意；在职场中，宁愿干着不喜欢的工作，也不敢跳槽。

如果你也是这样的人，你可以试着写下你未来想要的人生状态，想活成什么样的人，找到内心的渴望。然后，允许自己试错。记住，尝试比成功更重要。

创业是人生最好的修行,成就最好的自己。

在大学毕业季时,我刚好遭遇了一场交通事故,被压到右腿膝盖,导致骨折。别人求职就业的时候,我只能回家躺着休养,一躺就是 6 个月。

相信美好,生活就会给你带来美好。

也正是因为这个契机,我被朋友邀请去北方做大学生口语创业。尽管大学老师已经给我推荐了一个很好的工作,我花了一个晚上思考,面对就业和创业的选择,我还是毅然决然地选择了创业这条路。虽然我也不知道会发生什么,但是我想试一试,看自己能闯出什么样来。

就这样,从小没有离开过家那么远的我,带着一腔孤勇,坐了 18 个小时的火车,开启了我从南向北的第二次创业。

我一个这么怕冷的南方姑娘,没想到在北方一待就是五年的时间。我无比感恩这一段经历,觉得很幸运,大学刚毕业就有个让我加入创业团队的机会。

那会儿,我就在想,人只活一次,我要大胆一点。我要去做从 0 到 1 的事,我要去体验从无到有的喜悦和成就感。创业这件事,我想想都觉得很酷。

现在回想起来,我都佩服自己当时的勇气。

真正优秀的人不会总盯着离自己很远的东西,能看到也能抓住身边的机会,来实现跨越式的成长。

我希望每个人都可以通过学习成长，去获得相信自己的力量。

我还记得我刚刚加入创业团队的时候，很多东西都不懂，能力也是最弱的那一个，但是我珍视每个成长的机会，并愿意付出大量的努力，从什么活都愿意干，到什么活都能干好，具体来说，从做市场、主持、写文案到做策划、培训、带团队、讲课、运营管理……

那些你以为做不到的事情其实没有想象中那么难，只要你愿意开始学习。

当然所有事情不是一开始就很顺利的，曾经我也恐惧舞台，不会做管理，觉得什么事情都做不好，自我否定过，感觉自己一直在陌生的城市孤独地奋斗着，在深夜痛哭过。于是我开始花大量的时间投资自己，升级认知，拼命学习，拼命成长。

那些你孤独成长的经历，成了助你快速进化的能量。

我相信成长的本质就是认知升级，明白如何更高效地思考、行动，是一切自我提升的前提。

在教育行业创业的五年中，我作为联合创始人的一员，经历了很多从 0 到 1 的过程，一个人担任多种角色，就像是打怪升级式地成长。

我从主持人做起，从带队总指挥到金牌讲师，从市场主管到市场总监，再到执行校长，从职场小白到付费参加各种商学院、提升演说能力、上职业校长课程……对我来说，创业其实是一场没有尽头的个人发展之旅。

在承担一线市场、销售管理、教学培训、校区运营等相关工作的过程中，我不断用创业者、管理者、领导者的身份要求自己，**我得到了三种强大的力量：**

第一，勇敢的力量。勇敢接受挑战和面对困难，有不畏难的心态。

第二，相信的力量。"言不信者行不果"，不断培养自己坚定的信念、成事的心态。

第三，影响的力量。人很难被改变，但可以被影响和感染，要有赋能的心态。

最重要的是，我找到了自己作为一名教育者的使命感，受到了很多学员的喜爱和信任，和团队共赴出国之约，一起去泰国、日本等世界各地游学，看到了更大的世界，不断增长见识、放大格局。

创业是一次自我探索，是面对未知、不确定的未来，会给我们带来惊吓或惊喜、失败或荣耀。

但它同时会带给我们的，是人类从一出生开始便需要承担起来的使命——通过不断的学习、成长、奋斗、进取，去实现短暂人生里最耐人寻味的价值与意义。而我把实现人生价值的过程，叫作"修行"。

作为一名教育人，在做学生教学、团队管理这一份教学相长的工作时，我越来越明白，真正的教育要唤醒潜能、培育健全的人格。**教育的终极目的是培养一个觉者、一个觉悟的人，是弄明白人生是自己成全自己、自己完善自己的过程。**

在向前进的过程中，我也在不断修炼自己。我很感激这五年的选择，进入教育行业的我获得了最宝贵的人生财富：自我觉悟。

尤其是这几年，我越发感觉到老师并不是一个职业，而是一种自我修炼，让你知行合一，成为更好的自己。

我们不一定都要创业，但是我们每个人都可以成为一个影响身边人的师者。**未来，每个人都需要活成一家"公司"。**

2021年10月份，由于疫情和双减政策，线上培训行业受阻，我选择回到创业之都深圳发展，探索自己更大的人生可能性。

我开始深入研究心理学，获得心理咨询师证书，并且保持写作和在朋友圈分享的习惯。在和很多优秀创业者的交流中，我看到了个体创业和互联网创业的机会。

我选择再次以个体创业者的身份回归，打造自己的个人品牌，走上自媒体IP创业之旅，成立了自己的工作室。我不断投资自己，向上破圈，加入了很多创业者的优质圈子。

我想，每个人这一生最好的作品，就是自己。每个人都可以成长产品化，成为自己人生的CEO，持续创造更大的价值。

我希望未来可以实现旅行办公，做着自己热爱的事情，把优势变成事业，把天赋变成财富，实现精神、物质双富足的人生

状态。

我开始做成长咨询和创业咨询，推出自己的成长型产品，还有个人品牌产品，帮助更多个体实现创业成长、创富增长。

我开始在公众号上写作，输出内容，做视频号直播，不断突破自己的舒适圈，没想到只用了半年时间就拥有了很多信任、支持我的学员，通过个人品牌创收 60 多万元。总结三点很重要的经验：

破圈升级，加速成长

其实很多人成长很慢的根源是内耗太多，行动太少。如果你不想自己只是停留在想法上，就需要寻找一个合适的圈子，助力自己升级认知，积聚能量，破圈成长。

躬身入局，做到极致

躬身入局是能干事、会干事、干成事的不二法门。

任何事情、任何趋势、任何机会，如果只是站在局外议论，那是毫无用处的，必须让自己投身其中，站在当事者的位置做事，才能够真正地拿到属于自己的结果。所以无论是每天认真发好每一条朋友圈、写好每一条文案，还是思考产品的具体细节、制作海报、直播运营、社群运营、产品交付，我都是自己亲力亲为。越躬身入局，才能越笃定地前行。

找对导师，拉高人生使命

我一直觉得，找到一位真正好的老师，最重要的不是跟他学赚钱、学做事，而是真正跟着他在人生这条路上修心修行，成为更好的自己。因此，我想要的不仅是能引领我向前的创业导师，还是可以跟着他终身学习的人生导师。

当我越深入了解知识付费时，我越觉得这个时代太好了，因为我们可以去找到自己喜欢的老师，并有机会主动靠近他/她。这两年，我持续靠近喜欢的老师，尤其是德行兼备、有使命的老师。

我被我的老师由内而外散发的气质吸引，极致利他和知行合一的分享打动。这带给了我非常大的精神力量，让我明确了前进的方向，我更知道自己未来想要成为一个什么样的人。而这股力量才是支撑一个人不断向前走的最大能量。

我告诉自己，也要做一位能给他人带来更大价值、真正活出自己、践行知行合一的人。

我知道这件事情很难，而有一个榜样，就像有一种强大的精神力量，让我更有胆量和勇气去活出自己，去带给更多人能量。而打造个人品牌的核心其实就是看你是否拥有活出自己的那种状态和能量。

我有一个学员，就是看了我的直播，感受到我的状态和能量，她说自己从一个极度自卑、处于人生低谷的状态，到开始找回自己的力量，开始敢于去追求自己想要的人生，也越来越坚定自己的梦想。

那一刻，我明白了，我立下了自己的人生大志——终身做教育，以一生为期。

当我越知道自己要做成一件什么样的事情，要成为一个什么样的人，我相信漫漫长路都能够化为坦途。

因为有了一个人生目标，就像有了一个坚定的方向。就像茨威格在《人类群星闪耀时》中写的："一个人生命中最大的幸运，莫过于在他的人生中途，即在他年富力强时发现了自己的人生使命。"

每个普通个体，都可以拥有自己的个人品牌影响力，我希望可以帮助更多人找到勇气和信心，变得值钱，更有力量，更自由。

最后送给大家一句话，那就是相信相信的力量。

很多人遇到问题，第一反应是"我不行"，然后选择懦弱和退缩，结果只能是越来越不行；而有的人选择永远对自己有信心，不惧挑战，迎难而上，调动自己全身的力量，去解决一个又一个问题，最后发现自己越来越行。

你要相信让自己变好是解决一切问题的根源，相信你的人生应该由自己定义，相信你自己值得，相信相信的力量。

希望我的故事带给大家温暖和力量，祝福大家，我们一起在追梦的路上不放弃，一起加油！

第四章
抵达人生巅峰

Candia（迪雅）

大湾区芳疗校长
广东省国际芳疗师协会会长
自然医学国际学院创始人

由退到不休，由创业到建立自己喜欢的芳香事业

大多数人都期待40多岁就可以退休，如果真的做到了，会发生什么？当我拿到人生下半场的游乐票、准备好退休的时候，却无意中打开了一直不敢奢望的梦想之门。相信我，追梦，你也可以！

当初为何选择在45岁走进芳香疗法的世界？

45岁那年，我把年营收两千多万元的生意卖给一家法国公司，打算提前退休，过悠闲的生活。当走完转让业务的流程后，我转变身份，当起了买方的顾问。25 年的工作生涯，我从没闲下来过，现在终于可以体验一下不一样的工作模式。当顾问，按合约要求，只要把大客户订单稳住，规划一些企业讲座，任务就完成了，多爽！顾问的工作时间十分自由，可以说是大多数人梦寐以求的状态，但我耐不住寂寞，于是就想起一直没时间完成的两件心事：读博和芳疗。接下来，我一方面做了读博的学习计划，另一方面重新学习芳香疗法。读博是我 35 岁时给自己定的计划，希望实现一个心愿；而芳疗是自己的喜好，是多年前在欧洲出差时种下的种子，我曾答应过自己，有时间一定好好学习芳疗，做一个芳香快活人！

我从 30 岁起，在 15 年内创业 3 次是什么情况？第一次创业是替他人作嫁衣，第二次创业是被家人要求的，第三次创业是客户要求的。三次创业只是不想辜负别人的期望，不断去满足他人的需求，所以当有公司上门提出收购时，就二话不说、头也不回地把公司卖掉，45 岁就准备好提早离场。2 年的顾问生涯，就好像将上半生的经历梳理一次，获得一次重生的机会，往后余生，想为自己喜欢的人和事而活！正如松浦弥太郎在《给 40 岁的崭新开始》这本书中写的第一句：**"接下来的人生，该怎样过才好呢？"他书中所写的状态，就是当时的我。**我选择将芳疗作为人生下半场的寄托，在前方未知的世界重新启航，从零开始，重新学习，决心要走向幸福的人生下半场！

走近芳疗，促进个人成长，不因年龄设限！

近年来，有很多研究已经证实：心理年龄比生理年龄对健康的影响更大！科学家们发现，主观年龄至关重要，这解释了为什么有些人随着年岁增长，精神愈发饱满，而另一些人则未老先衰。弗吉尼亚大学的诺塞克说："年纪大的人觉得自己在多大程度上小于自己的实际年龄，可能会决定他们如何做出日常判断或生命决策。"心态越年轻，就能活得越年轻！

步入中年，重新学做人，50 多岁才说个人成长，听起来有点可笑，但是只要人活着，都需要成长！我选择芳疗的原因有许多，但根本原因离不开"幸福"两字，除了解决自己和家人的健康问题，看见不少学员变得越来越健康、美丽、自信，这也是令我对芳疗教学不离不弃的原因。回想这几年的教学工作，我专注于芳疗教育，不动摇，不后退，由纯面授课，到开发线上部分，再回到强化线下课，一次又一次的打磨与升级改进，是为了将更好的内容和形式呈现出来。我从没停止追求"做得更好"的信念，这次做得不好，下次重来就有机会调整，不断更新迭代，做课程如是，做人也如是，感恩不断遇见更好的自己。

新冠肺炎疫情这 3 年，来回奔波于内地和香港，我被隔离了 6 次，身体是很累很累的，但跟学生的关系变得很亲密。他们的认可和支持滋润了我的内心，让我在不知不觉间变得柔软，同时有了一份又一份的责任。当这些学生说自己没法实现芳疗梦时，我突然感觉有责任帮他们一把，于是有了一连串的想法。

第一个想法：要让芳疗师有自立能力，到底该怎么做？

要自立，做一份小而美的事业，除了行业知识，还需要什么？

芳疗师该如何自立？我苦苦思考这个难题。有一次在看直播时，我被打造个人品牌的 Angie 老师吸引，于是走上了个人品牌学习之路。继而，将芳疗培训师课程重新设计，将企业培训师和个人品牌的内容整理成芳香教练创业计划，教练通过考核后，可成为学校的助教，再经过实习，就有机会成为学校的导师，最重要的是他们具备讲课的能力，有线上营销的技能，还有轻创业的能力，就有自主、自立的可能性。21世纪的知识付费，导师要懂教，也要会卖，缺一不可！

第二个想法：一个为芳疗师赋能的平台，有吗？能吗？

当陪伴芳香教练们创业时，我强烈地感受到：需要给芳疗师一个名分。

我想帮芳疗师获得认可，就产生了办一个类似英美国家芳疗师协会的念头，打造以芳疗师为核心的芳疗师联盟平台。当我把这个想法说出来时，芳香教练们都很支持，于是我就承诺去启动这件事。讲比做容易许多，实践起来才发现当中的困难实在超出想象，幸好有好友从中帮忙，经历了一年多的筹备，终于在2023年成功取得了广东省国际芳疗师协会的牌照。在办协会期间，不少学生主动提出要来帮忙，我不再是孤军作战，当遇到什么难关时，只要想到背后这一群人，我就能咬紧牙根冲过去！

梦想是什么？ 苏格拉底曾说："世界上最快乐的事，莫过于为理想而奋斗。"

梦想是人类生命的推动力，没有了它，人就像断了线的风筝一样，毫无方向地在无际的天空中飘着。对我而言，做一个有价值的人，在能力范围内帮助别人，就是梦想！

一个人的价值是什么？ 卢梭说："人的价值是由自己决定的。"

如果能帮助芳疗师获得一个被认可的身份，有更好的发展，这是多么美好的事！能够做自己由衷感到快乐的事情，而且可以让更多人受惠，在奉献社会的同时，可以享受人生，这是幸福的！

坦白说，年轻时，我认为梦想是个奢侈品，担心谈理想会被质疑，甚至被攻击，所以不敢说梦想。对于大多数年轻人来说，梦想是遥不可及的。作为过来人，我十分了解这一种恐惧，因而，我希望建设一个平台，跟一群志同道合的人，一起追逐梦想，互相支持，在筑梦的过程中，遇见更好的自己，也帮助更多人去实现梦想，这就是理想！

第三个想法：芳疗师能不能跟外国的芳疗师一样，走入专业的医护界？

有太多太多人问："芳疗师除了做皮肤护理和家庭照护，还可以做些什么？"

国际芳疗师学的是西方自然医学的一个体系：芳香疗法，有认证的职业资格证，属于治疗师的一种，但在国内，只能大胆说"芳"，不能公开讲"疗"。虽说学习芳疗，能疗愈自己，解决家人的健康问题，以芳疗守护家人，很了不起，但事实上，考证背后还是有一种不敢表达出来的期待。于是，我又大胆地想，国内芳疗师能像外国的芳疗师一样，到诊所工作，持证做治疗吗？我希望有更专业的定位和更好的发展。

趁着国家推广传统中医的这个风口，让芳疗师搭上顺风车，可以吗？答案是可以的！于是，只用了两个月的时间，我开了一家芳疗中医诊所，里面有中医师、心理师、芳疗师，结合三个系统，帮助人们缓解身心失衡所引起的健康问题。开业后，一直受到人们关注，也收获了很多好评。

在开诊所的同时，我又有了办一家正规的芳疗医护学校的念头,让想往专业医学芳疗的路上走的芳疗师,有一条合法合规的学习路径,直接满足学历和职业的需求!又一次,念头一产生,就有人帮我圆梦,成为我的投资者和合伙人。多年的创业生涯让我从不接受别人的投资,因为不想跟任何人交代能做多少事情,不想为他人负责任,不给自己增添压力,可是办一个国际芳疗学校,最少需要几千万元的投资,而且涉及的事情数不胜数,所以这次需要有人陪我闯!

这一件又一件的神奇事件,让我身边的老师和朋友啧啧称奇。德国作家贝波儿·摩尔在《向宇宙下订单》中写道:"**你相信的,就会实现!**"原来,只要敢想,而且相信自己所做的是正确的事,那么一切都会变得如此不可思议!

分享给计划创业的你一些实用建议

我到深圳办学,打开人生第二道门,就像爱丽丝梦游仙境一样,像梦又似真。如果你也有创业梦,以下是 3 个实用建议和 1 招必杀技。

做好生活规划,解除后顾之忧

第一步是做好财务规划,做好往后生活费的储备。最少先留 1 年的基础生活费,余下来的才是创业的基金。创业基金不能全部投进去创业，要有计划地投入。开业后，要计划好收支平衡的时间点，这个没有标准，因为行业不同、环境不同，都不一样。如果开了头，做得不错，但因资金周转不好，生活又有压力，会很容易否定自己，很可能坚持不下去。

多去接触新事物，随机应变

创业失败的人，大多数有一个普遍问题，就是很难改变固有思维，特别是由高薪厚职转去创业的，总认为自己是对的，别人是错的，遇到挫折就说环境不好、生意难做，不去想想现在已经是新时代，旧的那套行不通。要转变方法，不能故步自封，多去看看别人怎样做。如果一套方法不够，就多学几套方法，再整合成自己的生存之道。生意要做下来，先想如何生存。

梦想很大，找同频的伙伴，别单打独斗

在筑梦的路上，走着走着，伙伴多了，想法多了，计划大了，要有容纳的心态。投资大就找投资者，事情大就找运营团队，别孤军作战。没人不能成事，没钱也不能谈理想，容纳同频的人、有共同理念的人、有相同工作习惯的人、补短板的人、有财力的人。选好合作伙伴，就有机会做大做强、跑得更远。

最后1招必杀技，就是心态决定一切！卡洛尔·德威克在其著作《心态致胜：全新成功心理学》中，将心态界定为成功与否

的分水岭。心态真的比能力重要！能力不足，可以去学、去练，但思维不对，就很难去改变。

好心态是不分年龄的，跟智力和经验无关，你看过《实习生》这部电影吗？70多岁的男主角本·惠科特没选择安享晚年，他做了与众不同的选择：做一个年纪大的实习生。电影讲述纽约女性时装初创公司的年轻创办人朱尔斯·奥斯汀如何从一开始不看好超龄实习生本，到后来任命他担任自己的私人秘书的故事。70多岁的本，凭什么融入一个充满青春活力的年轻团队，又凭什么打动老板的心？答案是真诚坦率、主动积极的态度，并且有一颗愿意分享、不服老的心。

简单来说，心态比一切都重要。本在当实习生期间，主动到不同部门帮忙，又将他在职场打滚的经验和技巧分享给后辈，令团队上下都其乐融融，这些朱尔斯通通看在眼里。而对本来说，他工作的目的也达到了——希望在丧偶、相对孤独的时光里，仍然能开展一份有意义的工作。70岁丧偶对很多人来说是世界末日，但他没有自暴自弃，反而在这孤独的时光里，让人生变得有意义。

人生的每一个阶段，都会出现重要交叉点，选择怎样活就看心态。能够从心出发的时候，自然就会越来越有活力，活出属于自己的风采。年龄从来都不是阻挡自己变得更好的阻碍，心态才是决定因素。无论什么时候，只要保持心态年轻、学会独立、爱惜生命，就能活出自己的风采！

人到中年，开始制订一个无比精彩的重生计划。这次不再只是创业，而是成就一份芳疗事业。在人海茫茫中，有机会相遇都是缘分，珍惜每一次与人、事的相遇。活着的时候珍惜，相聚的时候相爱，离开的时候无憾，这也是最大的人生理想。

星诺

大学老师
家庭教育亲子导师
家庭教育IP孵化导师

一个你没有听过的关于家庭教育的真实故事

我是星诺博士，985学校本硕博毕业，是国内一个大型家庭教育平台的亲子导师、幸福家庭赋能教练。博士毕业之后，我一直在大学任教，拥有11年教育实战经验，同时也是两个男孩的妈妈，指导过的学员有1000多名。

从小到大，我都是大家心目中的学霸。由于过于自信，我忽视了孩子的教育问题，曾经踩了很多"坑"。随后，我付费10多万元，系统学习过多个平台的家庭教育课程，在解决自己孩子教育问题的同时，也帮助身边的人解决家庭教育的问题。同时，在工作中，我会遇到一些有心理问题或卡点的孩子，让我对唤醒生命有一种独特的情怀,希望通过自身的成长影响到更多的人。

在跟随我的个人品牌导师 Angie 老师学习推广家庭教育以后,我经常收到各式各样的问题,让我逐渐对家庭教育有了更加强烈的使命感。我的梦想是帮助百万家庭在子女教育路上走得更顺利。

如果你也像身边很多人那样,上来就问我该如何教育孩子,我想对你说:"**育儿先育己。**"为什么这么说呢?因为大多数时候,孩子的问题不是孩子自己造成的,而是父母问题的映射。

一个专注力不足的孩子,背后可能站着一个经常恐吓他的父亲;一个失眠抑郁的孩子,背后可能有一对婚姻处于破裂边缘的父母;一个脾气暴躁的孩子,往往很有可能有一个情绪极不稳定的妈妈……如果你只看到表面问题,头痛医头,脚痛医脚,那么很难找到根本的解决方案。**父母活出绽放的生命状态,创造一个温馨、和谐的家庭氛围,才是孩子内在力量的源泉。**

有人常说,懂得了很多道理,却依然过不好这一生。不如跟我一起,读别人的故事,悟自己的人生吧。

接下来,我给大家讲一个真实的故事,是我和学员灵儿(化名)的故事。之所以叫这个名字,是因为她真的是一个很有灵气和创造力的女子。

谁都没有想到,我和她之间,用她的话说就是"**始于育儿困惑,陷于自我探索,终于婚姻指导,去向有无限可能**"。

孩子的择校问题

我和她初相识,是因为孩子幼儿园的择校问题,她约我进行了一次一对一咨询。因为是首次,她只跟我谈了孩子择校的困惑,并没有过多地涉及其他内容,应该说还有所保留吧。因为她的孩子已经在一个不错的幼儿园上学,与她考虑的另一个幼儿园的设施差距并不是很大,我告诉她,**老师比学校重要,爱心比设施重要**,并结合她的情况给出了建议。

孩子又发生冲突了!

第二次,她突然又要咨询我,原因是在一个影楼,孩子向他人吐口水,与其他孩子发生了冲突,自己跟对方家长也出现了矛盾。这件事情本身很常见,但她在跟我描述时,我感受到了她的情绪崩溃,而且她全程没有提到过她的先生。我问她:"当时,你家先生有跟你在一起吗?"她说:"在。"

自己的孩子与其他孩子发生冲突,且不说孩子哪些地方需要提升,现场只有一个慌乱无助的妈妈和貌似缺席的爸爸,这样的家庭,要解决的不只是孩子社交的问题,更需要解决的是家庭序位和妈妈情绪的问题。

就这件事所呈现的孩子的社交问题，我们进行了原因分析以及总结对策、建议。灵儿反思自己过去把孩子单独丢给老人过一段时间，让孩子目睹暴力解决问题的场景；同时，爸爸在带孩子的过程中，偶尔也会用暴力来解决问题。一方面，孩子安全感缺失，我建议父母给足爱和安全感；另一方面，我建议多带孩子运动，释放男孩子过多的体能；此外，孩子的社交活动较少，建议多带孩子参加社交活动，在与他人相处中找到快乐，并用正向肯定来教孩子如何更好地表达与沟通；当然，有机会的话，家校合作也很重要。

我还帮灵儿分析她情绪崩溃的问题，因为我觉得这比孩子的问题更需要解决。**一个情绪稳定的妈妈才是孩子安全感的基石，才能让所有的建议更好地落地。**

我让她反思为什么会崩溃。灵儿发现，她很害怕别人不接纳自己，因为她自己也不接纳自己。她还发现，自从有了孩子，就失去了自我，好久没有爱自己、关注过自己了，她决定从那天起开始学习如何爱自己。因为当时的她更关注孩子的问题，加上时间关系，所以对灵儿的个人问题，我只从自己的角度提供了一些建议。

一切事情的发生都有其正面意义，它们在善意地提醒我们如何调整自己的行为，从而避免更大问题的发生。

你确定你不是心理医生？

后来，灵儿又遇到了一个卡点，想借此梳理一下自己和自己的关系，更好地了解自己，问我有没有人可以推荐，我当即给她推荐了一个心理学老师的微信。基于对客户负责的心理，我告诉她，要不我先跟她聊，没效果的话，就当朋友之间聊聊天，解决不了再去找心理学老师。

这一次，灵儿提到了工作中的一些事情，对方处理事情时越界，让她心里不舒服。听完之后，我告诉她配得感很重要，她值得拥有美好。同时，明确地表达自己的需要或边界也很重要。灵儿是一个敞开的人，加上之前我发现了需要提醒她的要点，我们就聊到了她的先生。在这个过程中，看似无比要强的灵儿在电话的那一端哭了很久，她说自己很累，早就觉得过不下去了，如果不是为了孩子，真的想结束这种难熬的日子。

原来，灵儿平时既要上班，又要兼顾照顾孩子，常常感觉身心疲惫。我问："为什么不让先生分担一些？"她说，她已经对先生失望了，并说了一些事情，比如，外出办理一个事情需要填写一个表格，先生都要等她去填写。其实，那个时候的灵儿有婚姻中很多人的通病，**就是相处久了，只看到对方的缺点，却忽视了对方的优点，**主观认为先生做不好而批评指责。最后的结果就是先生因为担心做不好而成为旁观者，灵儿边做边觉得委屈，情绪崩溃。

我与她共情，帮她分析导致目前情况的根源，告诉她："**夫妻关系就像太极图，阴阳平衡很重要。一方控制过度，另一方就会没有空间。在生活中，给别人机会，就是给自己机会。**"

当然，具体的细节有很多，长期积累的问题不是一两句话就能解决的。她在哪里卡住，我就帮她打开哪里的心结，很快，2个小时过去了。灵儿说，她感觉收获太大了，之前所有的痛苦都被化解，有了信心和行动的力量。她在电话那端问："星诺老师，你确定你不是心理医生吗？"我说："我很喜欢研究心理学，但并不是心理学出身。"她说："你就是我的心理医生！"最后，我告诉她："我们不要做外强中干的女汉子，我们可以做被老公疼爱的弱女子。这种弱不是软弱或者柔弱，而是一种被滋养之后的柔软和笃定。"

于是，从这一天起，我和灵儿开始了生命陪伴的旅程。

懂得放手

如果你不想委屈自己，你就要懂得放手。

灵儿在我的引导下，开始放手，给先生机会。也许刚开始，先生做得不好，灵儿还是会心生不满，但是只要灵儿有什么困惑，我都会给她解答，并且还给她布置了一个作业：每天写出先生的三个优点，越具体越好。

就这样，从每天边写边跟我抱怨，我开导她，到她的甜蜜时刻越来越多，连我都被滋养到了。

记得有一次，她说平时都是她先生送孩子去幼儿园，她只偶尔送一下。这一天，她起床想跟她先生一起去送，等到了电梯口，她先生略带责备地说："外套都不知道给孩子穿。"她才想起来，同时问道："那帽子呢？"她先生当即拿出了帽子。那一刻，灵儿突然发现自己已经习惯了不再操心，被老公责备的时候竟然有一些开心。曾经，那个事无巨细都要大包大揽的"女强人"已经不见了，成了依靠先生的"笨女人"。

除了放手，灵儿还会把我告诉她的夸奖先生的方法利用到极致，去看见、肯定先生。**看见是一种能力，被看见是一种动力。**自此，我几乎再没有听到过她对先生的不满，他们回到了王子和公主最初的幸福状态。

关系好了，财富大门也开始敞开

有人会好奇她的孩子怎么样了，在他们夫妻关系越来越好之后，孩子的安全感也越来越足，很快融入小朋友之中，深受老师和同学的喜爱。

前几天，灵儿又来报喜。这次不是关于孩子，也不是关于先生，是什么呢？原来是她在事业上遇到了并肩作战的合作伙伴，感受到了那种同频共振、彼此赋能的感觉，她说预感事业也要迎来一次转机。

她说："报名你的私教课是我今年做得最正确的一件事。你就是我的精神导师和云闺蜜。"

她说："把自己梳理明白了，就什么都好了，吸引来的人也都对了。"

她还说："真好，在我本命年参悟透了这件事！"

你有没有发现，当你内耗的时候，你的眼睛只能看见痛苦；当你不再内耗的时候，你的眼睛才开始看到更多机会和美好。当你身边的关系好了，连财富之门都会向你打开。

最近的灵儿，会跟我聊事业发展的问题，还会与我聊与人沟通智慧的问题……我相信她一定会越来越好！

我想说："真好，看到你越来越好！"

我的故事

我和灵儿的故事暂时告一段落，不知道对你有没有启发呢？

其实，曾经的我跟灵儿一样，最初因为孩子出现的自信心、内驱力不足等问题而充满焦虑，也看了很多书却找不到有效的方法，最后才开始系统地学习家庭教育。当真正学习之后，才发现在这些问题背后，既有育儿方法需要提升的地方，也有夫妻关系的卡点需要打通，更有自己活出精彩生命的课题。

教育家苏霍姆林斯基说过："对一个家庭来说，父母是根，孩子是花朵。父母常常只看到孩子的问题，却不知这其实是自己的问题在孩子的身上开花。" 当父母自己的问题都解决之后，孩子的问题往往也迎刃而解。

今天的我，感恩一切的发生。感恩孩子，让我有机会停下来去反思自己；感恩孩子，让我学会了婚姻相处之道；感恩孩子，让我活出了本自具足的生命状态。是的，每一个妈妈都很了不起。每一个女人自从成为母亲后，都很不易，既要照顾孩子，还要忙事业，很多时候忙着忙着，却丢失了自己。**孩子是生命之师，在善意地提醒着我们。**

假如你也想有一个疼你、爱你的老公，一个懂事、省心的孩子，不再被焦虑或者委屈占据自己的内心，让自己的生命更加绽放，活出"你若盛开、蝴蝶自来"的状态，最快的捷径就是向你信任的老师学习。

结语

温馨提醒，家庭教育是包含亲子教育、个人成长、夫妻关系的系统工程。即使是同一个问题，不同孩子的解决方案也会因人而异。也许在育儿上，你也会遇到各种各样的问题，请时刻记得，**所有的问题其实都是经过伪装的礼物**。抱着这种心态去探索和学习，找到打开礼物的办法，你将会收获人生的惊喜。

最后，再送大家 12 个摆脱限制性思维的 NLP 心理学锦囊，让我们在育儿路上有力量、不迷茫，你值得拥有一切美好的事物！

（1）凡事必有至少三个解决方法。

（2）没有两个人是一样的。

（3）一个人不能控制另外一个人。

（4）有效果比有道理更重要。

（5）沟通的意义在于对方的回应。

（6）重复旧的做法，只会得到旧的结果。

（7）在任何一个系统里，最灵活的部分便是最能影响大局的部分。

（8）每人都拥有使自己成功、快乐的资源。

（9）动机和情绪总不会错，只是行为没有效果而已。

（10）没有挫败，只有回应讯息。

（11）只有由感官经验塑造出来的世界，没有绝对的真实世界。

（12）每一个人都选择保护自己最佳利益的行为。

星玥（陈丽君）

个人品牌商业顾问
多国认证形象顾问
星玥私教圈创始人

从乖乖女到中年叛逆，我经历了什么？

2021年，我刚满40岁，做出了一个让所有人都惊讶的决定，离开连续工作了16年的金融公司，辞职创业。我在离开公司、和大家道别的那一天，有一位同事偷偷把我拉到一边说："姐，你这是要辞职去写书了吧？"

当时，我听完便哈哈大笑，并直摇头。那时的我，觉得写书对我而言还是很遥远的事。可是距离我辞职才2年的时间，没想到那个深藏在我心底的梦想就这样实现了。写到这，我已热泪盈眶。

在下笔前，我问自己：我想给读者带去什么呢？这个答案几乎没有经过思考就浮现在我的脑海：勇气和力量。

今天，我把我的故事讲给你听，一个曾经普通的职场人、两个孩子的妈妈、40多岁的中年"少女"，如何通过一点一点的努力，拿回了自己人生的主动选择权。

这几年，朋友们对我的评价大多是勇敢、自信、绽放……但其实在多年前，我并非如此。

原来的我并不自信，尤其是在生完第一个孩子后，我陷入了深深的迷茫和焦虑。身份的转变加上工作岗位的变动，让我没有存在感，失去了自信，觉得自己似乎哪哪都不行。那时的我，常常一个人躲在办公室的角落里偷偷抹眼泪。那时，我看不到人生的更多可能，是家人的爱和朋友的温暖陪伴，让我逐渐走出那段灰暗的时光。

从人生的低谷期走出来后，我告诉自己一定要证明我的价值，我要在职场上为自己争取更多的话语权。

那时，我刚被换到了客服岗，成为一名每天说着重复话术的客服人员。但我相信，无论在哪个岗位上，我依然有施展能力的可能。

后来，在一次处理客户重大投诉事件中，我在面对恶意刁难的客户时，始终坚守合规底线，滴水不漏地应答客户抛来的所有刁难问题，最终让公司获得绝对优势，避免了更大的损失。我的电话录音被当成范本在公司传播。

我也因为这次危机事件的处理，让公司领导看到了我的优势和潜力，后来领导把我调到了公司更为重要的部门和岗位。

之后，我在职场上的发展越来越顺利，也获得了越来越多被看见和晋升的机会。

人生思考

在工作上获得肯定和赞赏之余，我开始真正思考：我是谁？我这一生究竟要去往何方？我的人生是否还有更多的可能？

那年，我怀上了二胎，我却比以往任何时候都更加想要探索我人生的更多可能。

那时，我拥有多重身份：白天，我是一名金融行业白领，时间全部给了工作；晚上，我是孩子的妈妈，时间全部给了孩子。我要如何在当前的人生阶段里进行其他探索呢？

当时，机缘巧合，我听到了吉田穗波女士的《就因为"没时间"，才什么都能办到》这本书的音频，她是日本的一位妇产科医生，在生养了3个孩子的情况下，依然前往哈佛大学求学并顺利毕业，追逐自己的人生梦想和照顾孩子都没有落下。她的人生故事给我带来了极大的震撼。

原本我以为自己既要上班，又要带孩子，根本不可能有更多的时间进行人生探索，其实并不是不可能，只是我不知道还有其他的方式，只是我想要探索人生的心还不够坚定。如今，我的这颗心已被点燃。于是，我开始在线上付费学习，开启了我的人生探索之旅。

早起

从那时起，我每天清晨 5 点多就起床，读书、听课、运动……尽情地做我想做的事。

在孩子还小的早起时光里，孩子醒来后没看到我，常常光着小脚丫哭着跑来找我。我马上抱起孩子回房间陪睡，等他睡着后，我再偷偷爬起来。有时早上要这样来回好几次。

家人都劝我不要这么拼，有好好的工作干着，还要带孩子，何必把自己弄得这么累？但我内心那股坚定的力量却从未消失过。

写作

离开学校十几年，我都不曾主动写过一篇文章，但当我看了李笑来老师的《财富自由之路》，我意识到写作这件事对我非常重要，于是我下定决心开始写作。

在坚持写作练习近半年后，我一天的写作字数最高纪录竟然突破了一万字。在那一刻，我突然有了一种强烈的成就感，我感受到了长期坚持做一件事的巨大力量。而在坚持写作的过程中，也有很多人跟我说喜欢我真诚朴实的文字，说我的文字给他们带去了温暖和力量。

演讲

我是一个原本只要听到上台发言，心就直接提到嗓子眼的人，恨不得要原地消失，但我知道躲是躲不过的，我必须要突破自己对演讲的恐惧。于是我开始在线上学习演讲，我也想成为能站在舞台上侃侃而谈的人。

在学习期间，每天天还没亮，我就把自己关在阳台上，反复朗读和练习演讲表达。

都说机会是留给有准备的人，在线上演讲训练营还没有结束时，我就接到了公司的讲课邀请，我咬牙接下了这个巨大的挑战。

那是我人生中最煎熬的一段日子，我几乎吃不下饭，睡不着觉，心里仿佛有一块巨石压着。每当想到我即将要在上百双眼睛的注视下，完成我人生的首次讲台秀，我就紧张得几乎无法呼吸。

但最终我还是站上了那个讲台，只用了一个星期。

我的首次登台获得了无数好评，甚至有人说我天生就适合讲台，而我也意外地点燃了自己想成为一名好老师的热情。

美学

在一路成长的过程中，我想让自己的外在形象变得更优秀，同时帮助我的朋友们也获得更好的外在形象。2020年，我开始深入学习形象美学，并开始践行365日不重样穿搭，为成为更好的自己而着装。那一年，我成为一个美学机构的明星学员。

几乎每天都有女性朋友来跟我说，我的每日穿搭让她们感受到了平凡生活里的美好。"穿得漂亮，更要活得漂亮"成为我的人生态度。

主动选择人生下半场

在进行人生探索近5年后，我刚满40岁，我的内心突然有了一个从未有过的强烈念头：我想辞职创业。

多年来，我一直是父母眼里的乖乖女，从小到大都没有叛逆过。如今来到40岁的中年，我突然想要勇敢地走上一条全新的人生路，同时我还想获得家人的支持。

思来想去，我不知道该如何跟父母开口，我不知道他们是否会理解和支持我的想法。纠结片刻过后，我选择了写信这个方式，于是我提笔给父母写下了当下我内心最真实的想法，一边写一边流泪。

写完后，我闭着眼睛发给了他们（因为当时我在上班，所以是在手机上写的电子版，写完直接发给他们）。

那晚，在餐厅里，一开始，是令人窒息的沉默，我们谁也没开口说话。直到晚饭快结束时，我的爸爸开口了，他说："你的事我们不会插手了，你的人生可以由你自己来决定。"

坐在对面的我，眼泪一下就流下来了，这既是喜悦的泪水，更是被家人深深理解后感动的泪水。

这些年我默默地坚持，那些努力走过的日日夜夜，全都像电影画面一样，一幕一幕地浮现在我的眼前。如今，终于换来了家人的理解和支持，我的人生可以由自己做主了。

第二天，我就向公司递交了辞职申请，后来就有了本文开头的那一幕。

个人品牌，人人刚需

我辞职创业后，很多人都说佩服我的勇气，也有很多人说，因为我拥有了自己的个人品牌，所以才能顺利转换事业赛道。我说："其实你们也可以（做个人品牌）。"他们都连连摆手说："我不行。"

在很多人眼里，打造个人品牌是特定行业和人群才做的事，比如像我这样的个人品牌导师、创业者。其实无论从事什么行业，都能通过做个人品牌，把自己的事业和人生经营得更好。

当年，我还在职场时，每天都会认真地记录自己的工作和生活日常，让更多人了解真实的我。

这件事我做了没多久就见成效了，不光有越来越多的老客户主动要为我转介绍，还有一些原本并没有交集的朋友，在关注了我一段时间后，也陆续来找我咨询投资理财。我用持续输出和展示自己的方式激活了不少新老用户，让我的工作变得轻松而卓有成效。

几年时间，我从用打造个人品牌的方式把主业做好，过渡到主业和副业同步进行，再到后来辞职创业。这种在中年转换人生赛道的勇气，是持续做个人品牌带给我的。

在我的学员中，这样的案例也不少见。我有一位学员，在9年前因为二孩的到来，被迫成为全职妈妈，在经历了好一阵子的焦虑和迷茫之后，她开始每天用心记录自己和孩子的日常。在全职妈妈的行列中，她成为那个朋友圈里最乐观积极、最爱分享的妈妈。后来，她成为一名亲子阅读讲师。前两年，她又成功转型做微商，成为左手带娃、右手事业的经济和精神都独立的女性。

现在的她，说自己不再害怕未来和变化的到来，因为她已经拥有了别人拿不走的核心能力：个人品牌力。

百日打卡,激发行动

这些年,常有朋友来问我:"我想做一件事,却总是坚持不了几天,就做不下去了。要如何才能长期自律?"

在这里,我分享一个我一直在用的很有效的方法:百日打卡。

这些年,我做了很多个百日打卡:"星玥的 100 天不重样早餐""星玥的 100 天不重样穿搭""星玥一年读 100 本书""星玥的 100 个小故事"……

你可以把你即将要开始的百日行动发布在很多人能看到的地方,比如发布在你的朋友圈,让大家来见证你的行动,你会因此增加做到的动力。

连续 100 天打卡,帮助我养成了很多的好习惯,也倒逼我做到了很多原本以为做不到的事。

如果你也有很想去做但一直没有开始做的事情,不妨发起你的第一个百日行动,期待你和我来交流你的百日打卡收获。

同频圈子,一路相伴

前一阵子,有一位老朋友 L 很兴奋地和我交流,说自己要开始打造个人品牌了。她参加了一个线上训练营,每天跟着课程写作业打卡。我发现她的状态的确不一样了,每天都很认真地在朋友圈记录、输出，我心里暗自为她高兴。

但过了那阵子，我发现她又回到原来的状态了，我问她："怎么没有坚持输出？"她说脱离了每天有人督导、大家抱团的环境，自己就没有了坚持输出的动力，于是就放弃了。

她的话让我想起了几年前我写作的经历。当年，我下定决心开始写作，但我知道自己离开学校十几年来，不曾写过一篇文章，现在要重新开始写作，这个对当时的我而言，无疑是艰难的。我对自己有个预判，尽管我当下想要写作的想法很坚定，但不代表在遇到困难时，我能坚定地走下去，我需要有一个强有力的外力来推动我。

于是我就加入了一个长期写作社群，每周必须在规定的时间内上交一篇作文，否则就出局。在这里，有一群互相抱团的伙伴，大家一起写作，一起交流。

后来，我发现，我有时工作忙，还要带孩子，真有不少不想写的时候，但我一想到如果不按时交作业，我就要在这里出局了，于是想办法也要完成。这个写作社群就这样陪着我走过了写作之初最难坚持的时光。到后来，我已经无须外力，也能做到每日输出了。

在个人成长路上，你需要找到你的同频圈子和一群可以与你一路相伴的同频人。这条路，才能走得更远。现在，我也搭建了这样的圈子，陪伴同频伙伴从内到外地成长。

傻傻坚持，坚定相信

其实在做个人品牌之初，我原本也并不是那么坚定地相信自己，直到我听到一个很触动我的故事。

几年前，我曾经跟过一位老师，她在多年前就用个人品牌经营自己小而美的事业，我原本以为是因为她之前有深厚的积累才有红红火火的局面，直到有一次她和我们分享她为何能取得好的成绩。

她说自己自从下定决心要好好经营自己的事业，就非常认真地发原创朋友圈，这么多年，只有一天没有发朋友圈。我很好奇地问她是哪一天？她轻描淡写地说："那一天我躺在手术台上，不能看手机，所以这一天没有发。"

她这些年在做的事业，没有一个客户是她主动营销而来的，全是被吸引过来的，她从来没有愁过客户从哪里来，只是扎扎实实地经营好自己和发好朋友圈。她还说："你如何对待你每天在做的事，你的世界就如何对待你，老天就是公平的。"

从那以后，我下定决心好好地发朋友圈，用心地经营自己的个人品牌，逐渐成为别人眼里坚定、有信念的一类人。

穿得漂亮，活得漂亮

这些年，我持续践行穿得漂亮，更要活得漂亮。在穿衣打扮这件事上，我比很多人多了一份执着。

我精致得体的外在形象，让我收获了很多美好的反馈，让我有了更多的自信。

今年，我搬了新家，拥有了自己独立的办公区域，我就开启了居家办公模式。因为居家办公的便利，我可以不用花很长时间来收拾自己，有时穿着家居服，直接往电脑前一坐就可以开工了。

我发现有一阵子自己的状态不太稳定，一开始我没有找到原因，后来我和以前在公司上班一样化妆、穿搭好才坐到办公桌前，我发现自己的好状态逐渐回来了。

认真对待自己的外在形象，可以帮我找回自己的最佳状态。

现在，哪怕我一个人在家办公，我也会化一个精致的妆容，挑选一套喜欢的服装，再开始一天的工作。认真穿搭，为每一个日常注入美好的能量。

每天下午，当我美美地出现在孩子幼儿园门口，孩子向我奔来，有时他会忍不住告诉我："妈妈，你今天好美啊！"我们相视一笑。

穿得漂亮，在我看来，不光是漂亮本身，更是一种能量调频，为成为想成为的人而着装、调频。如果你这么想，我想你每天会带着无比期待的心，打开你的衣橱，问自己："今天，我想成为怎样的自己？"

这个问题，期待你来回答。

不忘初心，去爱家人

这些年，我在追求个人成长的路上，给我最大力量的，除了自己坚定的信念外，还有我的家人。

在我一开始想要尽情地探索人生时，家人并不理解，而这份不理解其实是他们对我的爱。他们不想看到一边上班，还要一边带孩子的我那么辛苦，他们更多的是表达对我的心疼。

之后，他们看到了我这几年的坚持，他们选择了默许；再后来，我开启了全新的人生活法，他们选择了支持和为我兜底。

成为一名创业者之后，我经常要外出学习与交流，他们从无怨言，作为大后方，帮我照顾好家里，让我能安心地一次又一次走出去。每次外出途中，我闭上眼睛，脑海中就闪现出这些年家人对我默默的支持和托举，他们无声但浓烈的爱让我泪流满面。

我深深知道，在成为自己的这条路上，并不是依靠我一个人的力量走到今天的，是家人的爱让我走到了这里。一次又一次的探索、一次又一次的成长、一次又一次的走出去……都是他们成就的。

无论你在个人成长这条路上走了多久、多远，都请不要忘记你为何出发，都不要忘了回头看看一直陪伴在你左右的、给予你最坚定支持的、永远不离不弃的你的家人。

任何时候，回头看看他们，好好地爱他们，都不晚。

写在最后

这些年，我们总在说个人成长，个人成长到底是什么呢？

我觉得就是带着相信、带着信念、带着爱，努力地做好眼前的每一件小事，用心去爱身边的每一个人，脚踏实地地走好当下的每一步。属于你的人生路，自然会在你脚下徐徐展开。

而我，也才刚刚踏上这条路。期待一路向前的我们，都能成为那个发光且有爱的人。

言蹊

成交力提升教练
奥运冠军的老师
个人品牌教练

6个要素，助你探索人生

我是言蹊，桃李不言的言，下自成蹊的蹊。"桃李不言，下自成蹊"这句话，一直是我为人师，以及现在为人教练非常喜欢的一句话。

写书这件事情，我在2年前有想过，但那时只是斗胆想一想，也跟一位厉害的出版人聊过一次。那时的目的很简单，就是8个字：有兴趣，先了解了解。

2年后的我，再去看待写书这件事情，我觉得，可以把"斗胆"二字去掉了，原因不太能说得清楚，但心里，有了更多的底气、更多的笃定和更大的力量。

"透过现象看本质",是我非常喜欢的一句话,是在这些年的成长过程中,我践行得越来越到位的一句话,也是我经常在带领学员以及为学员答疑解惑时,反复强调的一句话,以至于我的学员经常问我:"言老师,怎么提高自己透过现象看本质的能力?"

这前后的变化,根本原因是智慧的提升和光速成长。

说到成长这件事,我有几点看法。

(1) 一定要把自己活成一个"盲盒",让自己每隔一段时间就不一样。其实,我以前是不知道这个说法的,是我身边的小伙伴们常常给我反馈,说我给他们的交付总是越来越不一样、越来越通透,每一次简单的分享就像拆礼物一样。我仔细一想,这不就是盲盒吗?这样,无论我们向外帮助别人或者向内面对自己,都会有持续的惊喜感。

(2) 对于成长而言,我很喜欢马克思主义哲学中的一条规律,就是量变引起质变。这几年,我一直在构建自己的哲学系统。当然,这需要很长的时间、很大的耐心,但也正是因为这样,才能让自己越来越不可替代。

我是来自北方的姑娘,从小由姥姥带我,我们一起生活在农村。那个时候,生活水平很一般,没有什么营养均衡搭配,上山种地干活是我那个时候的常态,每天与大自然接触,面朝黄土背朝天。但姥姥用她的言和行,教会了我很多为人处事的智慧和方法,以至于我现在在经营关系方面,如同事关系、领导关系、学员关系、家庭关系还算是合格。这一点我要深深地感谢我的姥姥。今年她95岁了,还在给我们传递着智慧。很多人回家探亲就是聊天或者看看老人,但我会见缝插针地问姥姥一些她的人生智慧,这样会让她感受到自己的价值。

2008年,我上高中,开始住校了。由于数学成绩太差,影响了我整体的高考成绩,最后考入了一个一般的大学。但是我没有因此放弃,在大学里,我开始发奋学习,非常发奋的那种。十几年过去了,我还记得那片小树林、网球场和一个大爷种的一片白菜地。我曾收到我大学好友发给我的邮件,她描述了我那时候的状态:

(1)早上简单收拾完,就去小树林阅读,不到开始上课,决不回来。

(2)一边看书一边吃早饭,那叫一个入迷。有时候,把早饭放在边上不吃,中午回去再吃。

(3)周末没事儿,也趴在床上看书,一直看到过了饭点。

(4)每天宿舍都熄灯了,还用那小台灯看书,她说:"有时候我都睡了一觉了,你还在看。"

(5)下午没课了,大家都回到寝室,而我不是在看书,就是在做题。舍长给我打电话,喊我回去吃饭,我才会回去。

(6)看到书摊就不走。

说实话,看见她发我的这封邮件,我很动容,我感谢自己在那个时候没有选择平庸而选择了努力。后来，我确实战绩不错，每一年都拿奖学金，获得了各种各样的奖状，还获得过内蒙古的英文写作比赛亚军。

几个学期下来，我的各科成绩全部都在 85 分以上。因为成绩不错，得到了我们院领导的重视，他还要亲自帮我联系出国深造的名额。

我当时很开心，内心也很想去，但这件事慢慢给我带来很大的压力，因为我觉得出国留学的费用会给父母带来很大负担。我深刻地记得，我那段时间经常辗转反侧，很久都睡不着觉。

后来，我决定放弃出国留学的机会，选择返回乡下去支教，从事英语教学，把更好的教育理念带回乡下。我深刻地记得，那里的教室非常简陋，桌子、椅子都非常陈旧，但那段经历至今都是我美好的回忆，是我人生中非常有意义和有价值的经历。

现在，当年的那群孩子都长大了，也有了自己新的世界和故事。

2013 年，我在不熟悉北京，没资源、没背景的情况下，成为"北漂"。

我开始是做英语老师，但那时我其实挺自卑的，觉得自己的英文发音不好听，所以想过各种办法来消除这种不自信，比如学跳舞，因为很多人说跳舞可以让人变得自信，但我发现这种方式不能直接解决我的问题。

真希望你像我一样只取悦自己

工作两年后,我攒了些钱,给自己报名了课程,精进英语。

我深刻地记得,我学习了 3 年,风雨无阻,从来没过过周末。同事周末叫我出去玩,我在学习,有时其他人约我,我也在学习,所以都婉拒了。

3 年来,我确实付出了很多,也舍弃了很多,有时下班回到家已经 10 点多了,还要再学一会。

后来,我标准的英语发音,赢得了校区领导的认可。很多人听我讲英文,会以为我是出生在美国的中国人。我结识了一些西方的教育工作者,经常跟他们探讨中西方的教育差异。

我慢慢地升职加薪,成为部门主管。我很喜欢研究,所以我会研究很多教学案例,在教的领域有了更多的见解。在机缘巧合之下,在 2017 年,我成为一位乒乓球奥运冠军的英语老师。我帮她提高英文水平,她在我遇见困惑的时候,请我吃火锅。我们畅谈方方面面,她带给我很多力量和勇气。我非常感谢她,带给我很多思考和进步。我后来带的学生,有的考入了清华大学附属的中学。他们虽然毕业了,但会来到校区,跟我聊天。

直到 2018 年,上海的一家机构的老板觉得我不错,亲自来北京邀请我去她的机构做一下管理和赋能。由于那段时间我很忙,所以先给这个机构做了个整体的教学评估。后来,她告诉我,仅仅两周后,通过指导,他们的业绩做到了 150 万元左右。我很欣喜能够帮到需要帮助的人。

2020年，我提前察觉到了国家政策的趋势变化，于是我开始布局自己的事业第二曲线。我已经过了35岁了，想做一些自己真正喜爱且有价值的事情，并且这件事情可以在模式的驱动下，能够长期做下去。

我不是一个追求速成的人。一旦决定做一件事，会考虑这件事能不能做得长久。

以前，我的工作更多的是直接去帮助孩子和培训老师，但我现在认为，孩子最好的学习榜样应该是父母，父母的认知永远是孩子的起跑线。

这个时代，起跑线不是学区房，也不是好的幼儿园，而是父母的认知和格局。我认为，孩子永远是父母成长的最大受益者。于是，最近两年，我开始做成年人的教练，帮助大家变得更贵、卖得更多、活得更智慧。

这两三年，在我的生态位上，我慢慢地积累了一些影响力。

其实很多人能力很强，也很专业，可以赚点小钱，但不一定活得通透、活得智慧。

人生就是一场探索之旅。我们来到世上，就是要更深入地探索自己、修好自己，以及更好地达人。我很喜欢孔子那句话——"己欲立而立人，己欲达而达人。"每个人都想让自己变得更好，孔夫子这句话非常明确地告诉了我们成功的路径和方法：要想自己立起来，先去立别人；想要自己有所成就，先去帮别人获得成就。想要利己可以，先去利他。

　　我以前觉得利他就不能利己，利己就是万恶不赦。后来，我明白其实不是这样的，利己和利他一点也不矛盾。我们如果一味地利他不利己，那便没有更多的能量去帮助别人，实则是非常不利的，所以在利他的同时，也要考虑自己能不能有所提升。我通过两三年的探索，加上名师的点拨，活得越来越通透，敢于谈钱，更有智慧平衡利己和利他。

　　我一直在思考一个问题，我非常喜欢稻盛和夫先生，他有六项精进，那么如果是我向下传承，无论是传承给学员还是传承给孩子，我会选择哪六个要素？于是我大胆地总结了一下。

好的习惯

　　因为有了好的习惯，如早起的习惯、阅读的习惯、锻炼的习惯，那么人们的行为稳定性会更高，效率也会更高。阅读会带给人们更广阔的世界，会让人们的深度更深、广度更广。

承担责任

　　责任，其实是每个人进步的刚需。因为你有责任，才会投入更多精力去研究和更认真地去做交付或者帮助他人。责任也会让自己构建一种倒逼的系统，督促自己不断地进步和成长。

量变引起质变

做任何一件事情，我们都可以描绘一条曲线。是曲线，就会有周期；是周期，那么有开始的阶段，也会有至暗时刻。当大家坚信足够的量变能引起质变，就会有持续做下去的勇气和决心。比如，我每天录制一条视频，通过视频表达一个观点，来锻炼自己的基本功。我连续做了567条视频，几乎没断过。现在我不仅自己做，还带领更多小伙伴跟我一起做。

我大量地学习，提升思维，提高认知，有时一天会学习12个小时，这几乎是我长年累月的状态。这些量的堆积着实带给了我巨大的改变，帮助我冲破事业的至暗时刻。

学习哲学思维

许多人不怎么接触哲学，在他们的日常生活中，也完全不涉及哲学。然而，对于一个活得通透、智慧的人来说，生活中是不可以没有哲学的。哲学会讲到宇宙周期变化的大规律，我们如果懂一些，便可以把握这种大规律。另外，它会讲到人类知变应变的大法则，知道这个法则，我们适应环境就会更容易。

好好看待命和运

对于那些不能改变的事情,就认了,别去纠结,好好往前走。同时,还有一个字"运",就是对于那些可以改变且有必要去改变的部分,好好经营,好好努力。

执行力

当我们有了这么多的智慧和沉淀,如果可以匹配好的执行力,那么一定会拿到好的结果。

这6个要素可以让人生过得更好,期待能够给亲爱的你带来一些启发,期待与你有更多的交流。

第四章　抵达人生巅峰

元哥

投资导师
全国旅居的独立投资人
生命成长智慧实修者

从一无所有到财富自由，普通人也可以逆天改命、重获新生！

"如果命运给了你一个低的起点，没事，它只是想看你如何逆风翻盘。"

你好，我是元哥，一名从一无所有的贫寒家庭中走出，到现在不用为生存发愁的独立投资人，也是全网有 20 万名粉丝的自媒体博主。

自小家境贫寒的我，从"996"的"北漂"一族到全国旅居已经两年多，走遍大半个中国，不断探索生命成长的智慧和宇宙终极真理。你想知道，我到底是怎么做到的吗？

接下来和你分享我的故事，这是一个绝处逢生的故事，希望它能给你带来觉悟、勇气和力量。

如果命运给了你一个低起点，你该如何逆风翻盘？

我因为贫穷，自小被周围的人瞧不起，父母唯一用来发泄生活压力的方式就是不停打骂和指责我。

在这种起点极低的环境中，我是如何逆风翻盘、重塑人生的？分享给你三个最重要的成事法则。

"忍"才是顶级的人生智慧

从小的虐待，着实让我承受了不少痛苦，比如父亲每次喝完酒后，我大概率就会被暴打一顿。

可是身体上的虐待还不算什么，让我受不了的是对我精神上的侮辱。比如有一次，我被父亲指着鼻子骂，说我是个废物，没有什么用。那一刻，所有的委屈和痛苦涌上心头，我心想：难道是自己做错了什么吗？

还有一次，我实在忍受不了了，打算离家出走。我想先在家里的储藏室过一夜，因为不知道自己该去哪里。没想到被母亲从储藏室拽出来，让我乖乖道歉，要不就滚出家门，储藏室也别住。最后因为生存的压力，我只能选择屈服，那一刻，我意识到人的第一要务是生存。连自己都没办法养活的时候，是没法谈什么人性的尊严的!

忍辱负重,耐心等待机会,你才能真正摆脱自己的圈层。

做事越"狠",你离成功才会越近

后来,我独自在北京打拼,发现没有背景的年轻人想出人头地,真的太难了!最难的地方在于从小到大的"穷人思维",因为思维决定命运。

当时,我没有别的办法,只能"硬戒"。发现自己犯了错,就狠狠地抽自己嘴巴子,用这种方式强行改正。

直到我见了很多成功人士,才发现成事很重要的一个特质就是要"狠"。这个狠不是指对别人狠,残酷无情,而是对自己狠,严于律己。

不放弃希望,才能绝处逢生

我刚入职场那几年,独自一人在北京打拼,受了很多挫折和委屈。当时非常绝望,经常傍晚一个人看着北京的霓虹灯痛哭。但我从没想过放弃,而是在绝境中寻找希望。

我在北京那几年特别拼,几乎是全年无休,"9117式"工作(9点上班,11点下班,一周工作7天),任何节假日,包括生日都不过。

除了工作外,阅读、写作、见牛人、参加培训,想尽一切办法提高自己，结果就是成长速度飞快。

唯一的放松时刻是看《了不起的盖茨比》《喜剧之王》，恍惚间会觉得我就是盖茨比、尹天仇本人。虽然我只是一个卑微、平凡的小人物，但是不屈服于自己的命运，在绝境中寻找希望。这种在绝境中永不放弃、寻找希望的力量一直推动着我向前。

后来，我在职场中升职加薪，投资也有深厚的积累，成为独立投资人、私人投资顾问，并且开始运营自媒体，很快就积累了10万粉丝。

我才发现，如果命运给了你一个低起点，没事，它只是想看你如何逆风翻盘。

经历至暗时刻，如何才能涅槃重生，破茧成蝶？

因为我内心向往自由自在的生活，所以我选择离职创业，全国旅行办公，走遍了大半个中国。

我认识了很多朋友，和他们分享我的故事后，他们都对我从如此低的起点，还能走到这一步感到震惊。在这里，我把涅槃重生、破茧成蝶的秘籍分享给你。

如果现在的你，对人生感到失望、迷茫，但又不甘心这么平庸下去，那么请立刻找一个安静的角落，开始逐字逐句认真地阅读。

拥有强者思维，让你终身受益

想要提升自己、获得成长其实很简单，就是不去等、靠、要，学会对自己负责，因为只有你自己才是真正的主人。但要做到很难，因为每个人的骨子里都是有惰性的，都希望有人对自己负责和买单，但如果一个人长期依赖别人，就会变成"巨婴"，什么都不会。

说实话，当我遇到困难的时候，不是没想过放弃，甚至在最难的时候，我想过死，但每一次我都咬着牙挺过来了。挺过来后，我发现，自己在不知不觉中获得了巨大的飞跃，就像孟子说的："故天将降大任于是人也，必先苦其心志，劳其筋骨，饿其体肤，空乏其身，行拂乱其所为，所以动心忍性，曾益其所不能。"

一切杀不死你的，都会使你更强大。在这个过程中，你不断打怪升级，自然会磨炼出十八般武艺，也会锻炼出敢于面对一切困难的勇气。

带着问题学习，才是最好的实践

我刚入职场的时候，发现学校里教的东西很多都用不上，一度怀疑学习是否真的有用。

后来才明白，学习本身没有意义，有意义的是你通过学习解决了什么问题，所以要带着问题去学习，不为解决实际问题的学习没有任何意义，也无法真正学会。

还记得我在遇到职场演讲的时候，因为从未学过，也没有类似经验，当时我的演讲几乎是整个部门最差的。

后面再次演讲的时候，我花了几天看演讲书籍，然后把书里的知识用到我的演讲中，反复打磨演讲稿，再次演讲的时候，几乎得到了所有人的认可和掌声，领导都对我赞不绝口。我真正习得了演讲的技能，后面再去任何地方演讲的时候，都用得上。而这一共花了我不到一周的时间，学习和成长的速度飞快。所以只有带着问题去学习，然后在实践中解决问题，才是有意义的，王阳明的知行合一就是这个意思。

知和行本就不是割裂的，知是为了更好的行，在行的过程中，你才能真正地知。

找到对的老师共赢，才能实现价值最大化

自己学习和有高手指点，最后学习的效率和结果可以说是天差地别。很多真正优质的内容是通过一对一辅导来传授的。我之所以成长速度比较快，并且在多个领域，诸如投资、自媒体、写作、身心灵、创业，都能有一定建树的一个重要原因是我能找到好的老师，然后付费和他共赢。

迄今为止，我花在学习上的钱接近 100 万元了。而且我不仅

付费，还会给我的老师额外的帮助，比如投资上的帮助、介绍学员。

看起来我付出很多，但事实上我得到的更多。毕竟人脉的本质从不是单方面的消耗，而是同频吸引、互相滋养、合作共赢！

涅槃重生，你需要的是重塑思维

如果你能做到前面三点就很好了，但要想得到真正的蜕变，还不够。

这里我把涅槃重生的方法分享给你，这个方法是我经历了人生至暗时刻，花了近百万元学费，不断探索生命成长的智慧后领悟到的，可以说是无价之宝。它就是如果你的思维符合客观规律，按照客观规律做事，那么一定能成事，也一定能活得自由、美好。

但每个人都有一些根深蒂固的思维卡点，这些卡点导致了我们人生中的各种问题。我在服务学员的过程中发现，投资亏损的表面原因是标的选择、择时没做好，但深层原因是一些投资卡点没打通。比如过分贪婪、在乎沉没成本，如果这些卡点都能打通，那么可以说是无敌了，所以聪明人会主动"寻死"（思维自杀），这种死是三观的破而后立、精神的浴火重生。其实就是把旧思维杀死，然后把符合客观规律的思维认知注入，以此涅槃重生。

那具体如何做呢？

如果发现自己有某方面的卡点，在同一类型问题上经常出错，那么，第一步是进入冥想状态。这里和初学者说下如何冥想。很简单，就是找个椅子坐好，闭上眼，数自己的呼吸，但要注意两点：坐直，不然容易睡着；不要憋气，让呼吸自然顺畅。第二步是有意识地专注于特定问题，找到问题的根源。一般来说，大部分问题的源头都在童年。第三步是用正确的反应替代，同时想象用新的反应替代后，活得自由、美好。

我用这个方法将世界观、价值观揉碎踩烂，一遍遍推倒重来，然后涅槃重生，得到了我想要的平静和智慧。

这个方法可以说拯救了我，让我在极度痛苦中得以解脱，所以也分享给你。

什么拯救过你，你就可以用它来拯救这个世界！

用三个魔力方法，普通人也可以轻松找到自己的天命

我之前的想法是继续服务高净值用户，有几百名高净值用户后，再发行我的私募基金，这样10年大概能赚到一个亿。

但是涅槃重生后，我突然不想做这件事了，觉得人生短暂，为什么不遵从自己的内心，做自己想做的呢？

我渐渐领悟到，真正的财富自由是一种内心的状态，和金钱的多少无关，它是一种内在的自由，让人不再因为金钱而担忧和受到困扰。所以，接下来我打算专注于内容创作领域，坚信这是我的天命，有如下几个原因。

天命是一种发自内心的想法

我发现天命不是你热爱或者擅长的事情，而是发自内心想做的事，同时不做不行。就像我这次涅槃重生、真正觉醒后，就有很强的表达欲。有时候，在睡梦中都想着这件事。在服务学员的过程中，我也发现，令我最开心的不是帮助客户赚了多少钱，而是自己的内容可以影响别人，开启人生新篇章。比如，我的学员和我说：

"谢谢元哥，我觉得自己成长了，离自己想要的美好人生又近了一步。"

"谢谢元哥，学习了一年多，不仅仅是投资理财能力的提升，更是整个人生质的飞跃。"

"谢谢元哥，跟你学习以后，我获得了财富和成长的双丰收！"

天命可以把你所有的人生经历连起来

我记得之前看《乔布斯传》的时候，有句话让我很有感触：

> 真希望你像我一样只取悦自己

"当你到了人生的某个时刻,你会发现可以把所有的东西连起来。"

当你能把所有的经历连成线的时候,我认为就找到了你的天命。

乔布斯之前被公司开除、禅修,还因为退学而学过艺术字体,这一切都是为乔布斯接下来做的一件大事——创建苹果公司做铺垫。

对我来说,不幸的童年反而是最好的礼物,因为这给了我对世事的深刻思考和洞察,就像著名作家海明威所说:"一个作家最好的早期训练就是不愉快的童年。"

同时,我快速成长,一年顶十年的经历、全国旅居和修行的经历,让我见天地、见众生、见自己。从至暗时刻走出,涅槃重生的经历让我看到世界的真相。多年投资的经历让我对财富、投资、人性的规律有了最深刻的洞察。这些经历以及关于这些经历的所思所想构成了我丰富的内心世界。

而这,正是一名内容创作者的核心素质。

天命能给世界创造更大价值

我越发意识到,我们这一代注定是物质不会特别匮乏,但精神极度匮乏的一代,所以之后,我打算结束全国旅居生活,开始半隐居生活,专注内容创作。

希望自己的故事和智慧,能够影响更多人,开启人生新篇章。

希望我的文字可以传递勇气、力量、觉悟和智慧。

最后,感谢你读完了我的故事,希望这个故事能带给你觉悟、勇气和力量!

一生钟情易学

初会便许终生

那年，我念大三，无意在清华园听到老师讲："'秀才不出门，便知天下事'，这句话是有前提条件的，这个前提条件就是秀才懂奇门遁甲……"，我顿时就被奇门遁甲深深吸引了。

奇门遁甲，老师说话有点口音，我花了些力气才打听到这四个字的写法。从那天起，易经奇门就刻入了我的骨髓。

从此，我得空就研读《易经》。有一次，我在课堂看《易经》入了迷，被老师抓了一个正着。课后，老师找我谈话，刚好这位老师对《易经》也颇有研究，我们聊得很投缘。在老师的推荐下，我结识了好几位易学大家，如今都是易经界的泰斗，真的是因祸得福。

当兴趣易，当饭吃难

刚就业的那几年，我经常遇到方方面面的质疑和嘲笑。

同行说："你是一个女的，怎么能走地理呢？你斩赤龙了吗？""你师父是谁？怎么能教女的呢？"

客户说："师傅，你怎么这么年轻，学了几年？是不是拿我当实验品啊？有没有效果啊？"

家人说："你看你，6岁就开始学医，大学读医，又当了9年医生，怎么就要搞易经呢？""当医生多好，铁饭碗，又体面，风吹不到，雨淋不到！""你晒得黑黢黢的，风里来雨里去，图什么？""爸妈起早贪黑，勤勤恳恳，供你读大学，结果你搞易经，你就这么回报我们的？书读到狗肚子里了啊？""妈妈死那么早，死前怎么叮嘱的，你都忘了？"

面对同行的质疑，我不吭声，从不敢提老师们的大名，只闷头干活。年轻的时候，怕丢老师们的脸，让老师们遭同行耻笑。如今虽做出了成绩，更不敢提老师，因为老师成了业界泰山北斗，我闷头学，向他们靠近。

鬓发虽改，心不改

我从业易经已经有 20 个年头了，主要擅长风水和奇门遁甲，其他易经类易术也有涉猎。数不清自己翻过多少山，走过多少路，每年保底分析 1000 个奇门遁甲局。

2023 年 6 月，我在线下讲课，有个 30 多岁的男学生调侃道："老师，你一个女的，看着弱弱的，怎么这么能走啊？你都不知道，3 月份跟着你游学，我都跟不上你。每次到一个新地方，你都讲完了，我才到。"

我说："易经堪舆界有这样一句话'鹰眼铁脚，猪肚偷笑'，你走过 10 年 8 年的地理，你就练成了铁脚，肯定比我行。"

20 年来，我已数不清去做了多少服务，只有一个概数：服务企业上百家，线上线下服务上万个家庭和个体，线下线上服务学员上万人。只要是我经手的每一个业务，我把每一个数据都记得清清楚楚，每一次都认真测量和分析。

今年，一个多年的老友跟我见面时，和我说："哇，你都有白头发了。鬓发虽改，心不改。"

择一事，终一生

经历了人生的沉浮和世事的磨炼，在生活的考验面前，我越来越能理解尼采说的"当一个人知道他为什么而活的时候,他就可以忍受任何一种生活"。

一个人,一壶水,两双鞋,仰望旷野的星星,静听汩汩溪流……

溪泉河水,苍青山下,留下寂寞的身影。

我是幸运儿,做的事有点技术含量,可以接触到业界泰斗,并向他们讨教,贴身学习,也希望自己一点一点向他们靠近。

时来天地皆同力,运去英雄不自由。感恩这个伟大的时代,人人都可以学习易经,可自用,可为他人服务,易经堪舆有机会施展拳脚。

古月

高级理财规划师
金融从业者商业顾问
财商邦商业学苑校长

门槛最高的一个赛道，做好了就是人上人

我们遇上了一个伟大的时代，同时这个时代推翻了我们很多旧的认知，比如勤劳不一定致富，天道不一定酬勤，爱拼也不一定会赢！

我是古月，基金从业者、国家高级理财规划师，从事理财教育和财富管理行业，主要提供家庭财商素养导师培训和家庭资产优化落地服务。

你是不是想说："做理财行业的人，是不是脑子特灵光，对数字特敏感？"

我想说，我也希望自己是！

和大多数人一样，我没能含着金钥匙出生，是个读音乐教育专业的艺术生，对数字极其不敏感。29 岁时，我离开体制内，35 岁转型，这一次，我选择的是既不喜欢也不擅长的理财教育赛道。

我坚定不移地认为：选择大于努力！不管是创业选择、职业选择，还是副业选择，一个好的赛道，胜过十倍、百倍、千倍的努力。

我要和你分享的，是我从转型成功过程中总结出来的选对人生赛道的 5 个维度和 3 大标准。

选对人生赛道的 5 个维度

我认识一位投资人，她骨子里是一位文艺女青年，特别喜欢和擅长写作。家里兄弟姐妹四人，她是家里的老大。

大专毕业后，她面临的选择是要么去赚钱，要么去实现作家梦。最终，她选择了赚钱，随即进入房地产行业，30 岁之前便赚到两亿身家。

财富自由的她开始做慈善，背起相机四处旅游，继续写博客，然后结婚生子，投资办学。这样人间清醒的舍与得，我很佩服。

实话说，有的赛道注定是死胡同，你从广州出发，一路向

南,永远也到不了北京。这和"财富的路必须通向财富"是一个道理。

接下来,我邀请你用以下5个维度,来验证一下你的赛道:

1维:不选自己想做的事;

2维:选择有"护城河"的赛道;

3维:种自己的"苹果树";

4维:入口宽且收口多的赛道;

5维:选择边际成本低的赛道。

这5个维度就像5面照妖镜,用来验证你选择的赛道,看看你的赛道能不能托起你,实现你的目标。若满足这5个维度,你大概率会越做越顺。如果只符合2个、3个或4个,也有可能创富,但是"君子不立危墙之下",我们还是要选择能满足所有维度的赛道。理性思考,不盲目出击。

1维:不选自己想做的事

问你一个问题:"大学生高考填志愿,要不要选自己喜欢的?职业规划要不要把爱好发展为事业?"

我的观点是:家里有"皇位"可以继承的除外,普通人家的孩子千万不要把自己的爱好发展为事业,因为大多数人的爱好都不能当饭吃。

解决方案就是:察觉抱怨,感受痛苦,把有需求的赛道商业化。

哪里有抱怨，哪里就有市场！

哪里有痛苦，哪里就有市场！

哪里有冲突，哪里就有市场！

做商业最危险的就是做自己想做的事。比如，生了孩子的女性总想去开个母婴用品店；自己喜欢练瑜伽，就想去开瑜伽馆；你的某个技术很厉害，你就想发扬光大，开个培训班。要不得！

90％的创业失败，都是从自以为是开始的。

2006年之前，中国人不知道什么是基金，投资者只是追着上涨的趋势，疯狂买进股票型基金。

2007年8月，市场推出"投连险"，就是把客户保费中大部分的钱拿去买基金的一款保险产品。

2007年10月，上证综指飙到6124点，这是灾难的起点。

谁也不知道，2008年股市大跌，投资者已经几十万元、上百万元地套进去了。当初100万元投进去，跌到只剩25万元的人比比皆是。

有意思的是，在股市大跌以后，银行推出的保本保息理财产品、保险公司推出的分红险都大卖。亏麻了的投资者哪里会分辨？一时间又让银行和保险公司赚得盆满钵满。

如果你百度一下，可以搜索"过去20年，公募基金年化收益率"，你会看到官方数据是16.18％。

什么概念？

就是说，在这 20 年里，你买基金，每个月投入 5000 元，到现在你的账户终值是 753.8 万元，而你的成本是按月分批存进去的 120 万元。

但是，钱呢？被谁赚了？

所以，这里面存在巨大的矛盾、冲突和痛苦，就是基金很赚钱，但是基民不赚钱。

冲突、矛盾、需求如何解决？

如果金融机构在股市高点的时候推股票，老百姓铁定是要亏的；在股市低点的时候，抓住投资者恐惧的心理，又去卖保本保息分红险，投资者也铁定是亏的。

如果整个金融市场的从业者都这样极致利己，这样的理财模式怎能让客户财富自由？所以，有人说："为什么钱拿去给银行理财，越理越少？"利己终将害己！

这也是我作为一个成年人，在自己既不擅长，又不喜欢的情况下，选择考理财规划师，转型去理财教育赛道的原因。

你想想，这个矛盾和冲突如此之大，一定会有人去解决，那我能不能算上一个？

果然，入行这几年，刚好赶上新冠肺炎疫情，我们影响了 31000 多个家庭，健康理财，我自己就是受益者。

当时，我刚好在跟 Angie 老师学商业。在她的影响下，我通过社群来进行宣传，开始了既有主动收入，又有被动收入的多管道变现之旅。

回到开始的话题，可能有人会说，也有人做自己喜欢的事，然后成功了的啊。

当然！但是如果你去深挖，你会发现，那些做自己喜欢的事情也成功的人，一定是他喜欢的事情，刚好可以解决某个矛盾，而且他也有这个能力去解决。

还有两种情况就特别极端：

第一，已经财务自由，不需要赚钱。

第二，真的无欲无求。但这种人是极少极少的，毕竟梦想的实现都需要用到钱。

2 维：选择有"护城河"的赛道

什么叫有"护城河"？即不是那种大家都在做的事！

千万不要做大家都在做的事情，进入的门槛越低，竞争自然就越大。

没有"护城河"的赛道容易让人焦虑！因为没有"护城河"，行业进入门槛低，随时可能被替代，对未来就没有掌控感。如果再碰到上有老下有小，就更麻烦了！

有一天，我从深圳回广州，在深圳北站候车的时候，旁边坐着一位30岁出头的男士，正在和家人打视频电话，听语气应该是他妈妈。男人像霜打的茄子，无力地和视频里的人说："工作可能保不住了，他正想着办法让我自己离开……你们反正也帮不上忙……"

视频那头的女人竭尽全力地开导，想让这个男人开心一些。

人生就是这样，求上得中，求中得下，求下而不得，做人真的很难！

有"护城河"，代表门槛高吗？

当然！

说回我自己，学理财特别考验耐心。有的名词，要查阅很多资料，看不同人的视频，才能弄懂，这是一个典型的有门槛的赛道。

值得庆幸的是，门槛高，倒不是学历高，对于有终身学习力的人来说，又相对容易些。

如果我没猜错，你总是挑自己的毛病，容易自我设限是不是？听我给你讲一个我身边的姑娘的经历：

她是一位"80后"宝妈，比我入行要早，非常聪明，金融科班出身。我认识她的时候，她已经在千聊上卖音频课了，平时接一些财务梳理的咨询。4年过去了，2023年春节时，她来找我。原来她一直关注我，看我从一个人到有了团队、有了系统，就问我是怎么做的，说她有些力不从心，无法帮用户落地。

你看，即使是科班出身，也依然需要持续学习，才能满足用户越来越高的需求。当然，她现在已经是我的学员了，也重新考了 CFP。

因此，终身学习力才是让你成为长跑冠军的关键，是一个十分重要的砝码。

很多听了我故事的伙伴都很好奇地问我："是什么给了你勇气，去挑战这样的一个职业呢？"

2019 年 7 月，我在畅销书作家 Angie 老师的价值变现研习社听她讲定位课的时候，她讲了一句话："真正愿意努力的人其实不多，所以，只要你努力一点点，再努力一点点，你就会超过 90％的人。"这句话的力量太大了，我建议你在此处做一个标记。以后没有动力的时候，拿出来大声念 10 遍，动力一定会回来。

如果实在没有可持续发展的赛道，怎么办呢？那就给自己一年半载的时间，和我一样，去修炼！让自己忙起来，你都没工夫怀疑自己。你要相信，没有学不会的本领！有的行业，不是谁厉害谁干，而是谁干谁厉害。

在这里，我有一个公式分享给你：

$$学习-怀疑=机会$$

3 维：种自己的"苹果树"

我坚定地认为：时势造英雄！人在时代的洪流中，力量太微弱了，成功的人都在顺势而为。

| 真希望你像我一样只取悦自己

撇开少数极具天赋的人来说,其实,每个人都有机会自主选择:你到底要为谁做事?

我不是鼓励大家和我一样辞职,但是在单位上班,的确很难掌控自己的人生。你乘坐的汽车,方向盘一直握在别人手里,你总是有些被动的。

仅有一次的人生,想不想要更多可能性?

把苹果树种在别人的院子里,就算结了满树的苹果,你也只能被奖励三五个苹果,只能获得还不错的收入。可以肯定的是,如果你想实现财务自由,就必须打开各种收入渠道。

我的一位好姐妹,她在银行系统工作了8年,两口子都非常优秀。生了二孩之后,他们面临的选择是,夫妻俩必须有一个人在家陪伴孩子。商量之后,我的这位好姐妹决定辞职。

让她决定辞职的原因,不仅仅是孩子,还有个很重要的原因就是她已经看到了继续留在银行,收入的天花板就在那里,且每天重复性的工作令她好几年都是老样子,自我价值没有任何提升。尴尬的是,说是银行工作人员,但是对于理财,她真的谈不上专业。

基于这两方面的原因,她选择一边带孩子,一边系统学理财。第一年,她就靠自己的专业,优化了家庭资产结构,让家庭的被动收入从原来的每年4万多元增加到55万元。后来,她开始打造自己的理财师IP,做自由职业。现在,她每年的收入都很稳定,而且她还带动先生一起学,夫妻之间多了很多共同话题。孩子在她的引导下,财商思维也令人羡慕。看到她的状态,很多恐婚的年轻人都开始考虑结婚了。

所以,你也要想想,如何把自己的生存环境,变成自己可以控制的?

把苹果树种在自家院子里!

4 维:入口宽且收口多的赛道

这个理念是我从事理财教育行业以后,在商业模式课上听我的老师说的。

入口就是流量来源有多少个,收口就是你的用户如何进行多品类消费,用户最终是否还留存在你的系统里?

举个例子。京东的入口有自营,有商家开店,有品牌方,有物流,有线下社区服务点等等。同时,在京东这个平台上,流量从四面八方来,又在它这个大平台上消费多个品类,这都是收口。

关键是,京东有京东金融,人家是做投资人的,赚的是整个市场的钱,淘宝也是一样的。你会发现这些大平台最终都会干一件事,就是用金融做收口,让用户留存。

很多人,包含以前的我,为什么创业没有取得很大的成果?因为不懂商业模式,因为不会分钱,因为不懂管理……为什么这不会那不会？因为课本上没有，自己也没有学过。为什么没有学习？**因为对自己的无知不自知。**

有个学员问："老师，我想开个螺蛳粉店，投入大概要100万元，要不要投？"

答案是不要。这个生意入口窄，收口单一。餐饮的营业额和利润空间都是有限的，你一天可以卖出多少碗螺蛳粉？50份？100份？能不能卖到10000份？按当下的情况，很难办到。

你的商业模式，决定了你的未来。

你的生意会辐射全球，还是只能影响方圆三公里？如果你的生意只能辐射方圆三公里，那你最大的障碍就是规模。你在广州开的螺蛳粉店，不可能卖给住在上海的人。

5维：做边际成本低的赛道

还是以螺蛳粉线下开店为例。如果卖螺蛳粉的学员，他生意很好，然后想要扩张、开分店。这个时候，他需要做什么？

找档口、装修、请员工，培训也要跟上，还要支付新店的租金、水电费、工商税务费用等。新店开张，大笔的费用必然要陆陆续续安排上。

所以，我们说开餐饮店是边际成本高的生意。因为想要获得更高的业绩，就要不停地开店，不断地增加成本，一旦亏损，就是无底洞。

那么，边际成本低的赛道，长什么样子？

我为我的学员，一位才 28 岁的姑娘制订养老储备金计划，总金额是 893 万元。我选择的是合法合规的投顾系统，用可以一键跟投的公募基金组合来帮她实现。

因为有系统，像这样的客户再来 1000 位、5000 位、10 万位、1000 万位……不管来多少客户，我的成本都不会增加，而且客户越多，边际成本就越低。

总结一下，我们不应该一直拿时间去换钱，不该选择一门让自己无法脱身的生意，不该让自己陷入被动，不该自以为是地选择自己喜欢而无市场需求的赛道，不该在有限的生命里，做一件有规模限制的生意。

选对赛道的 3 大标准

3 大标准说起来容易，做起来难。

标准 1：你必须走在大趋势上

如果你不走在趋势上，你的日子会过得有点难。我入行前，查过一个数据，中国投资者可用于金融投资的金额是 187 万亿元。这几年，我们亲眼看着这官方数据一直在涨，到 2023 年 4 月，已经是 281 万亿元了。中国的房产政策调控以及财商教育的普及,让原本只知道储蓄的投资者、只知道买保险的投资者、只会买房的投资者,纷纷做资产转移。

中国人70%以上的财富集中在房地产上,而中国银行行长刘金在上海召开的全国资管年会上说:"我们国家将迎来个人资产从实物资产向金融资产转移的高峰。"另外,城镇居民家庭金融资产构成图显示:原占比65.7%的低利率存款也将搬一次家,投资者一定会为自己的钱挪个地儿,至少找个能跑过通货膨胀的地方。

那么,资产搬家,谁来做?自然是专业的理财规划师。

就现实人才缺口来说,每个家庭都需要1个家庭理财师,每3个家庭需要1个职业理财师,目前中国理财规划师职业人才缺口超过了1000万人。

"房住不炒""共同富裕"两项政策将推动城镇居民资金投向公募基金,去购买上市公司股票和债券,流向实体经济。好处是什么?就是继续推动整个国家经济加速发展,分享国家发展带来的红利,实现共同富裕。

标准2:你的选择要实现复利

爱因斯坦说:"复利是世界第八大奇迹!"

机会都是留给有准备的人和坚持长期主义的人的。为什么我人到中年还愿意从头开始,不是一时冲动!

你看,中国的金融机构和基金公司都挣到了钱,唯独投资者没挣着钱。对比资本市场成熟的美国来说，他们是怎么做的呢？请投资顾问！

美国市场的散户很少，愿意长期请理财师为自己做顾问服务的家庭占比达到91％。

美国理财顾问所管理的客户资产是128.5万亿美金，占美国投资者资产比例的80.4％。可中国投资者可用于金融投资的金额有281万亿元，其中28.3万亿元是公募基金，但请专业投资顾问管理的才1200亿元，仅占中国投资者资产比例的0.42％。

美国有88万名投资顾问，服务于3.33亿美国人；而中国只有7万名从业者，却拥有14亿人的市场。

三年成专业，五年成专家，十年成权威。当这个市场还不成熟时，我入行，修炼自己，做好准备。等到市场成熟时，刚好大展拳脚。

标准3：成长的过程可以复制

有一套标准化的流程，可以快速复制人才！

如果你的能力不能快速复制，你还是要拿时间去换钱。这就违背了前面说的5维。

当时和我一样来学习理财的，有30％以上的人和我一样，并非金融科班出身，但因为是直接上手学实操、做方案，平台有大量用户可以做见习，所以大部分人都在6个月左右完成了系统的学习。

只有想不到，没有做不到。我没做的时候，想都没想过，理财顾问这么光鲜的职业也可以速成。没有什么秘密可言，就是训练，就是"死磕"，就是传帮带。

如果你的赛道可复制，能复利，并走在大趋势上，你一定会越努力，越滋润。

写在最后

门槛高在哪里？什么是人上人？

我有一个学员是做财务的，去年生了一场病，拿到理赔款60万元。她的身体恢复得不错，想给孩子存一些钱。遇到一个保险公司的所谓理财规划师持证人，给她推荐了3份趸交的寿险。

当我拿到她的家庭信息表后，就约她开视频会议。我向她了解了详细情况后才得知，她先生和孩子的重疾险都没配置，而以孩子的名义买的这3份寿险，只能在若干年后，孩子离开这个世界才能拿到，这有什么意义呢？

和这个客户谈完后，我真的很生气。她遇到的保险业务员就是典型的金融业的"医药代表"，卖的这几份寿险的佣金很高。她的先生和孩子都没有重疾险，孩子的教育金也没有着落，且万一接下来病情复发，钱去哪里找？

所以，门槛高是商业能力高、专业能力高，门槛更高的是人品。

何为人上人？

好行业没有不"卷"的，在要么别人"卷"你、要么你"卷"别人的时代里，能够把人生重大的财务目标落地，又能对社会有价值，还有被动收入，不追求物质上的富足，心是安定的，情绪是稳定的，这才是我眼中的人上人。

中年转型，遇上知识付费，通过向高人学习，锚定理财规划教育这个赛道，我提炼的这 5 维 3 标，希望对每一个有转型需求的同学都有借鉴意义。理财规划是一个底层逻辑非常好的赛道，这套思维其实是一套成事心法！

掌握了这一套心法，你再去看一个人，看一个项目，看一份事业，看一套商业模式，你就不纠结了，你的人生就活得很通透了，大概率你会走在通往财富的路上。

松浦弥太郎认为 40 岁是一个人的转折点，也是走下坡路的开始，但是，这么想未免也太过寂寥了。

若从"70 岁才是人生巅峰"的角度来思考，以 40 岁作为新的起点，也不无可能迈向光辉灿烂的 70 岁。

运用 5 维 3 标，筛选一个好赛道！只要走对路，时间就是你的朋友！

价值变现私董会

价值变现私董会聚集了来自美国、澳大利亚、英国、意大利、新西兰等多个国家、多个行业优秀的导师和创业者，比如专业的教练和咨询师、微信公众号矩阵有百万粉丝的畅销书作家、大学老师、连续创业者、粉丝百万的旅行博主、北大光华管理学院毕业的财经"学霸"、密西根大学的博士、硅谷的科技精英等等。

Angie（张丹茹）是价值变现私董会的创始人和主理人，以下是部分私董成员：

剽悍一只猫：个人品牌顾问、第六届当当影响力作家、樊登读书（现名"帆书"）首席社群顾问，微信公众号矩阵的粉丝过百万，被北京磨铁文化集团聘为首席图书品牌战略顾问，并陆续成为多本超级畅销书的首席营销顾问。

李菁：写过多本畅销书的作家。2021年8月，Angie（张丹茹）带着团队去拜访李菁，帮李菁重新布局产品矩阵以及策划有影响力的大事件，从一场群发售开始，至今做了无数场群发售，多次单场营收破百万元。

鹿大米和安盈成为人生和事业合伙人，共同创办了新平台，完全从0开始，第一年的营收就突破了千万元。

Angie 颖婷：北大光华管理学院硕士研究生毕业，奥运火炬手。从半信半疑到深度参与，她取得了傲人的成绩和突破，顾问服务人数突破了 20 万。

将要：美国密西根大学的博士、深圳市"孔雀计划"海外高层次人才、咨询公司创始人兼 CEO。在微信好友只有数百人时，通过个人品牌打造系统，实现了月营收额达到六位数。

思林是这本书的主编之一。她的主业是负责一家世界 500 强公司的财务管理工作，同时是一名文案创业导师。她在完全不懂个人品牌打造的情况之下，通过 Angie 老师的辅导，打磨出高客单产品，日营收预售金额破百万元，并且成为畅销书作家。

晶晶也是这本书的主编之一。她是写过两本畅销书的作家，拿到了当当网 B 榜第一的好成绩，她还是养育星球的创始人、华图教育公考研究与培训专家，累计授课人数超过 5000 人、咨询人数超过 1000 人。

朱玲是前教培人，完全从 0 开始打造个人品牌，不到一年，营收就超过 185 万元。最重要的是，她实现了时间自由，环游中国的梦想成真了，获得了事业、家庭、个人梦想的三丰收。

Angie（张丹茹）的第一位私董古月，2020 年因为新冠肺炎疫情开始布局线上事业，她把学习到的社群规律、课程架构体系等迁移到了财商事业中，仅花 5 个月的时间，就做到了流水破百万元。

美国目标管理导师达因，在进入价值变现私董会后，她的主副业都分别年入百万元，提前 4 年实现了家庭梦想，住进了梦想中的大别墅。

来自十八线城市的全职二孩妈妈 Sunny，一直说很感恩遇见 Angie（张丹茹），她通过互联网，在家利用一部手机、一台电脑，就可以做到月入 10 万元，累积变现金额破百万元。

职场高管贺辰，一开始对个人品牌、社群完全不了解，跟着学习了一年后，她的线上副业收入突破了 150 万元。

这样的例子还有很多，几乎每天都能收到私董的留言报喜和感恩，因为深度信任，所以打开了一扇新世界的大门。

Angie（张丹茹）从一名 15 年前月入 2000 元的客服，一步步拥有了福布斯环球联盟创新企业家、写过六本畅销书的作家、当当网年度十大新锐作家、女性成长平台创始人、创业公司 CEO、事业和家庭平衡的二孩妈妈等等标签，成为接受 CCTV-2 采访、各大头部平台邀请讲课的重要讲师……

她帮助许多人开启了人生和事业的新篇章。

全网超过百万人学习过她的课程或者读过她的文字，而在她的课程社群里，几乎每天都有人报喜，反馈他们在个人品牌打造、个人发展方面的喜人成绩。

她的私董成员是需要通过审核才能加入的，在价值变现私董成员中，有的人结为了合作伙伴，共同探索个人品牌打造之路，一起更好地发展事业；

有的人掌握了整套新商业方法，原本都要放弃的事业有了起色，不断发展壮大；

有的人找到了投资人和生意合伙人，发展了新的事业；

有的人在迷茫过后，找到了自己的价值感和存在感，生活面貌焕然一新；

有的人在从事线下教育培训多年后，成功开发线上培训板块，收入增长了数十倍乃至更多。

……

利他，是最好的商业模式，教育是终身要做的事业，愿读这本书的你，也能找到自己热爱的终身事业，为社会贡献自己的一份力量！

欢迎你添加微信，和我们深度沟通。